手仕事の贈りもの

片柳草生
Katayanagi Kusafu

〈写真〉宮下直樹

晶文社

贈りものに思うこと

結婚祝いというものが、ご祝儀袋に代わってしまったのは、いつの頃からだろう。それも本人に手渡しではなく、式場の受付に差し出す場合が多くて、なんとも味気ない。つまらない風習になってしまったものだなあ、と気にかかっている。

何十年も昔の話で恐縮だが、私がいただいた結婚祝いといえば、ほとんどが品物だ。親友からは、ジョンソンブラザーズのスープ皿。今はもうない銀座阪急の「タカココーナー」で、一緒に選んだ。藍色の印判風の皿は可憐で使いやすく、未だにスープやカレーを盛って食卓に登場する。

職場の先輩たちには、ドイツ製ほうろうの片手鍋と『しろいうさぎとくろいうさぎ』の絵本をいただいた。がっちりしたほうろう鍋は、当時珍しかった。味噌汁に、煮物にと毎朝毎晩、引っ張り凧。あまりの酷使ゆえ、ねじが緩んで柄《え》が外れてしまう。その都度、夫が格闘してつけてくれた。とうとうひびが入って修復不能となり、今はオイルパンとして使用中。まだ引退はさせていない。

叔父や叔母からは、「ミキモト」の真珠のネックレスとイアリングをいただいた。叔母と一緒に、銀座のミキモトへ出かけていって選んだ。もちろんウエディングドレスの胸元を飾ったし、

冠婚葬祭といえばこれ。とびきり重宝したものの一つだ。

小粒なので愛らしい。長女が成人式を迎えるとき、ミキモトへ行って「ネックレスを二本に分けたいのですが」と相談した。私には娘が二人いる。粒を足してもらって分けようと思いついたのだ。

二〇年もたっていたが、色と光沢と大きさを揃えた粒を探してくれ、二本のネックレスができあがった。さすがミキモトだ。新しいイアリングを添えて、長女と次女へ成人のはなむけとして贈った。なんだか感無量。大げさにいえば、大切な宝物を家族として次代へ手渡したような気がしたものだ。

贈りものの向こう側には、選んでくださった一人ひとりの顔が見える。贈られた側の気持ちを汲み取っての贈りものは、時間を超えて受け継がれていく。金銭だったら、一人ひとりの顔は見えにくいし、「えーと、なにに使ったっけ」てなことにもなりがちだ。

お金を差し上げるのは簡便だし「本人が好きなものを買うのが一番」というのは、理屈ではわかる。けれど贈りものには、贈る心が託されなければ意味がない。親しい人だったらなおさらのこと。探したり選んだり、ひと手間かかるけれど、相手の顔を思い浮かべながら、なににしようかと悩んだりするのも、また楽しいものなのである。

Index

贈りものに思うこと　2

I 喜びやお祝いに

for weddings

1 幹ちゃんのエナメル彩グラス　8
2 シェアするなら、取り分けスプーン　12
3 きりり、ガラス鉢　16
4 「おいしくなーれ」の木べら　20

for housewarming

5 愛らしき醤油さし　24
6 猫や犬のクッキー　26
7 ペーパーウエイト　28

8 大きめの皿　32
9 箸おき　36
10 お茶と急須とおまんじゅう　40
11 時計　44

for newborn babies

12 ベビーバスケット　46
13 竹のベビースプーン　48
14 歩く前の、赤ちゃんの靴　52
15 フォトフレーム　56

celebrating a new job

16 Myグラス　60
17 針箱の鋏　62
18 箸箱　64

2 励ましの贈りもの

19 赤いノートや辰砂の時計 68

celebrating longevity

20 漆の動物椀 72
21 小ぶりの飯茶碗 75
22 ヒヤシンスポット 80
23 文香 84
24 江戸っ子の粋、手ぬぐい 88
25 紅漆の花びら皿 92
26 お雛さま 96
27 手織りの化粧ポーチ 97

get well wish

28 平べったいスプーン 100

souvenirs from Japan

29 ラオス・レンテン族の豆敷 102

3 こだわりやさんへ

to lovers of ...

30 携帯にすぐれた漆のコップ 106
31 蕎麦のためのざる 108
32 ファニーナイフとフォーク 110
33 猫のしおり 112
34 川瀬敏郎さんの『一日一花』 114
35 漆のメジャースプーン 116
36 「こぶくら」 118
37 超ごくうす、透明な生ハム 120
38 プレジールのパン 122
39 漆の入れ子弁当箱 124

4 とっておきの贈りもの

for special days

40 グラヴィールのワイングラス 128
41 蒔絵の銀河系腕輪 132
42 手のひら鏡 136
43 襟元に華やぐ巻きもの 140
44 木馬 144
45 小さなスツール 146

◆ラッピング・アイディア
手描きのオリジナルカード 149
市販の文具をつかった簡単包装術 160

homemade gifts

5 番外編

46 買えない贈りもの 150
47 限定歌集『八十八夜詠』 153
48 スイビーのアルバム 156

あとがき 162

「手仕事の贈りもの」
問い合わせリスト i

the one and only

I

喜びやお祝いに

I

幹ちゃんのエナメル彩グラス

中野幹子作ミニグラス。左から「sogni d'oro(黄金の夢)」
「旅」「裏窓」「吟冬」「道草花」。15000〜30000円前後。

中野幹子さんのグラスは
一つひとつが、
物語であり
小宇宙でもある。

幹《かん》ちゃんこと中野幹子《みきこ》さんが作るエナメル彩《さい》グラスは、どれも掌《てのひら》にのる大きさだ。小さな側面には、エッチングを思わせる細い線で絵が描かれている。

時には意表を突くモティーフが描かれていて、にんまりしてしまう仕掛けがあったりもする。「白昼散歩」「中庭」「甘い雨」「ひそひそばなし」「裏窓」「吟冬」など、グラスには一つずつに名前をつけてある。

「えーっ、白昼散歩ってなに？」「中庭って小学校の庭なの？」

独創的な名前と絵が、いやがうえにも想像力をかきたてる。

よーく見ると、隠れん坊をしている猫の孤独な背中を発見する。にょろにょろ蛇がいたりすることもある。水道管からは、雫がぽたぽたと落ちている、はたまた水溜りが描いてあったり……。

断片的な話で奇妙に思うかもしれないが、酒を呑むグラスに、蛇や水溜りなんて描くだろうか。この自在な感性がたまらない。

グラスを手にして口に運ぼうとすると、ウイットに富んだ絵に魅せられて、物語が生まれ、連想が次々と繰り広がっていく。

グラスを見ながら、子どもの頃、傘をさして水溜りを見ていたことをふっと、思い出したことがある。私は、なぜか、水溜りが大好きだった。雨と共に生じる円《まる》い波紋が不思議で、長靴姿でいつまでもしゃがんで見ていた時期があったのだ。

幹子さんの絵には、時を飛び越えてしまうみずみずしさがある。音が聞こえてくるような気配だったり、透明感のある詩心を伝える。大人になった今でも、彼女は子どもの頃の感受性を内側に秘めている人なのだ、きっと。

絵ガラスは、ハイファイヤーエナメルというガラスの溶解温度にも耐えるエナメルが開発されたことがきっかけで可能になった。宙吹きしたグラスに繊細な絵を刻みつけ、高温エナメル彩を擦り込んで彩色。もう一度高温で加熱、宙吹きをして一体化させている。ガラスの層にサンドイッチにされているわけで、再度吹くことで、絵には柔らかな躍動感が生じている。

幹子ワールドに引き込まれ、一つ、また一つとエナメル彩グラスが手元にやってきた。若い友人が訪れたときには、これでワインや日本酒を供したりする。

いつの間にか家族ぐるみの付き合いになった韓国人の若い青年がいる。結婚することになって、お祝いの希望を聞いたところ、幹子さんのグラスがほしいという。そういえば、わが家で飲んだときに、このグラスをえらく気に入ったそぶりではあったのだった。

長女一家四人、そのうえ私たち家族まで韓国での結婚式に呼ばれることになったので、幹子さんに六個のグラスを作ってもらって贈った。もちろん絵替わりである。

「今日はこの絵にしようかな」

「私は、このお気に入りで飲むわ」

などと言葉を交わしつつ、二人で乾杯しているのではないだろうか。

たとえご祝儀を贈る場合でも、こんなグラスをペアにして添えるのも、粋な計らいというものではないかと思う。

シェアするなら、取り分けスプーン

2

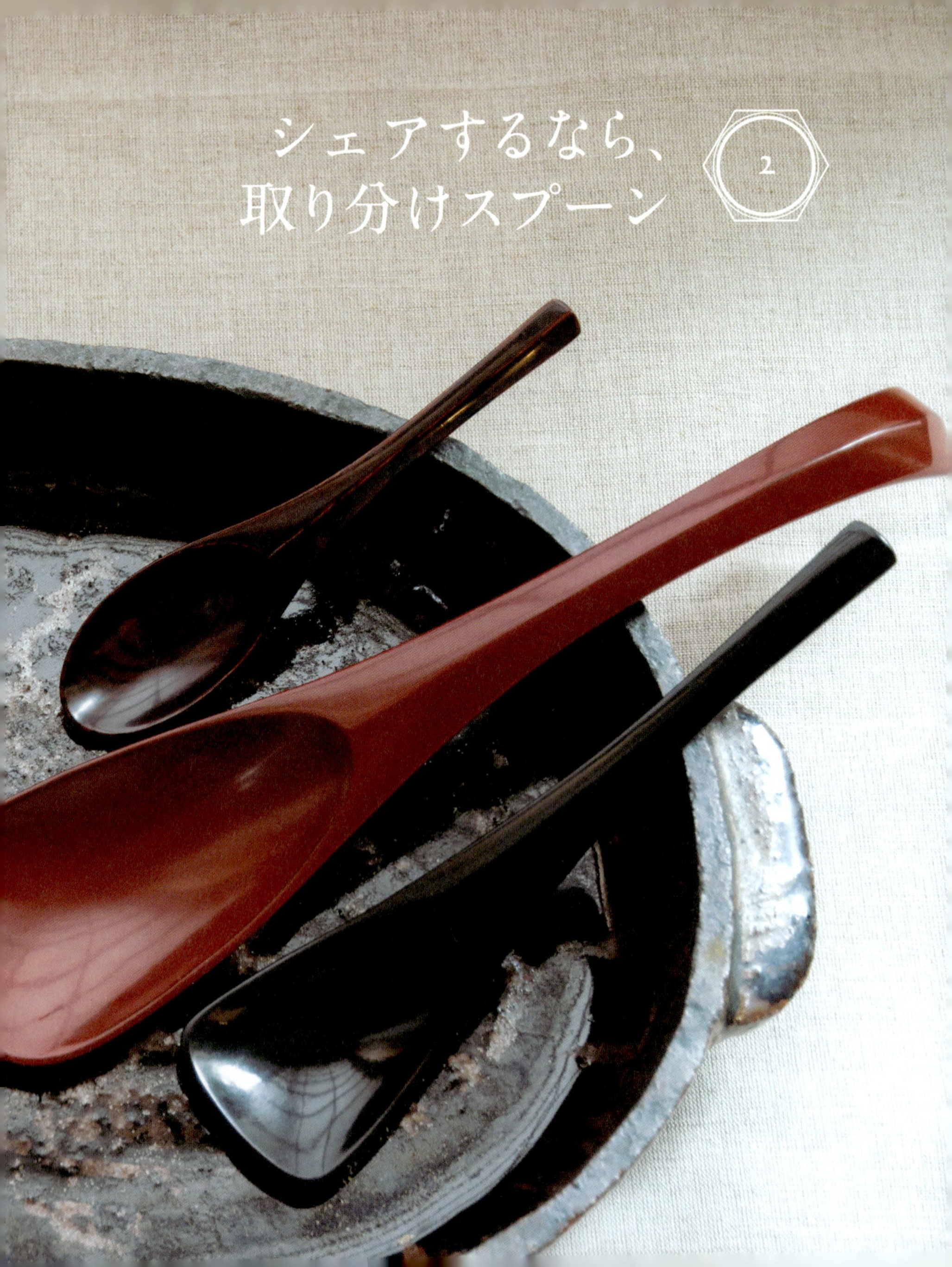

右／谷口吏作漆塗り匙。手前から、重箱の使用に重宝な
黒塗り匙、大きめの杓子、れんげ。12000円〜。
左／平岡正弘作。手前からサラダサーバー
（イタヤカエデ＋黒檀＋アルミ）14000円、スッカラ4500円、
サービングスプーンも黒檀の柄にアルミの飾り鋲、6900円。

丁寧に彫り出した谷口さんと、カジュアルに楽しめる平岡さんの匙の仕事。

谷口吏《つとむ》さんは、今の匙ブーム（？）のいわば、草分け的存在だ。

本職は会津の漆掻きだ（った）が、冬は漆が掻けない。好きな木工にいそしんでいたある日、婦人雑誌の料理ページに目がいった。豪華な料理に比べて、添えてある匙のなんとプアなことだろうと、がっくりしたという。

「それなら料理に負けない匙を作ろう」と一念発起したのだ。

谷口さんの匙作りが始まったのは、三〇年も前からのことである。

漆掻きになった動機にしたって潔い。民俗学者、宮本常一が漆掻き衰亡を危惧して寄せた一文を読んで、駆り立てられるようにして志願。親方の元に駆けつけて弟子入りを果たしたのだ。なんとも一途な性格の人である。

この人の掻く漆は確かで良質なのだと、漆芸家たちが賞賛する言葉を私もしばしば耳にしてきた。名手と呼ばれるほどの腕前だったが、数年前、漆掻きは引退。今は、会津の地に漆の森を育てることに心を傾けている。

谷口さんが匙作りを志した動機は、もう一つあるという。

「最小の道具と最小の材料、最小の工房でできるからです」と。

この言葉を聞いたとき、匙に流れる健やかな精神のありかに気づいた。いたずらに間口を広げず、自分の身の丈を心得た簡潔さ。とても真似はできないが、ピュアな谷口さんの精神は私の一つの指標でもあり、少しでも近づきたいものだと思っている。

谷口さんの道具は、ノミと豆鉋《まめかんな》と切り出しだけ。粗取りした材料を両手で包むようにしながら、一点一点を丁寧に削り出していく。

「気に入ったカーブを出すのがポイントかな」と言って、切り出しナイフで匙のつけ根や柄の厚みを念入りに彫り込み、整えていく。その様子を見ていると、まるで彫刻をしているかのようである。

でき上がった匙を水平に置いて真横から眺めてみると、先が微妙にラウンドしていることに気づく。実に流麗だ。見栄えだけではない。重箱の中から黒豆をすくいやすいようにした工夫など、個々の使い勝手も追求。仕上げに塗るのは、かつて自分が掻いた日本の漆。誰からも一目置かれる匙作りが、谷口さんの仕事なのだ。

津軽のスプーン作り、平岡正弘さんには、クラフトフェアで偶然に出会った。話をしていたら、「片柳さんでしょ。あの本（拙著『手仕事の生活道具たち』）を読んで、匙作りになりました」と言われて仰天。こんなにうれしいことはなかった。

平岡さんの匙は、匙部分と持ち手部分の材を変えたり、金属や木片で飾り鋲《びょう》を打つなどして、現代的な感覚を帯びてシャープである。韓国でご飯を食べるときの平べったい真鍮匙、スッカラを模して木で作ったものは、餃子をすくったり取り分けたりするのにうってつけだ。サラダサーバーも、一家に一組はほしいものといえる。

大皿盛りにして、好きなだけ自分で取り分ける食事形態が増えた。

新婚の食卓でも一人ずつ盛りつけることは、まず少ないと思う。二人でシェアしながら食べるのではないだろうか。谷口さんが言うように、お料理をよりおいしく食べるには、脇役の存在もまた貴重なのだ。

新しい家庭を持った二人に贈れば、日々感謝されること間違いなしだ。

3

きりり、ガラス鉢

右ページ／高橋禎彦作片口（上）8000円〜。
中山孝志作深緑皿7寸（下右）8200円。
安達征良作まるサラダボウル（下左）6200円。
上／高橋禎彦作色ガラスボウル（左）、水玉ボウル9000円〜。

高橋禎彦さんにしか作れない、シンプルでクールなガラスの器。

手仕事の品物を贈るとき、ガラスのものはわりあい抵抗感なく受け入れてもらえるのではないかと思う。デコラティブだったりクラシックだったりするものは別だが、シンプルで美しく、作家の意思がそこはかとなく感じられるガラス。こういうものは、いただいてもうれしい。ましてや、いいあんばいの大きさをしたガラス鉢は、意外に少ないもの。サラダにも和風の和え物にも使えるから、万能選手としてなくてはならない器の一つになると思う。

高橋禎彦《よしひこ》さんの工房を訪れて、初めて仕事の現場を見せてもらったのは、ずいぶん前のことになる。工房は、工場のようなスペース。真っ赤に燃える炉の間を、竿を持って行きつ戻りつ。めくるめくような高橋さんの素早い動きに啞然としたものだった。高温で溶けたガラスは手で触ることはできない。どろどろしたガラスの種を竿に巻き取り息を吹き込み、くるくる回し、大きなお玉のようなもので形を整え、別のガラスをポンテ竿にくっつけ、大きなジャックでガラスの口を広げ……。幾度も炉に戻ってはガラスを温め、次のステップへ。目を丸くして無駄のない足さばきを追う間に、グラスが完成した。その敏捷な動きは、計算され尽くした動き。何百という試作を重ねて体に記憶させたプロセスで、このフットワークあってこそ、薄くてしなやか、軽やかで自在なフォルムが生まれるのだった。

素材の量を多めにして吹けば楽に形ができるだろうが、それでは溶けて動くガラスの魅力を引き出せない。素早い動きは、ぎりぎりのせめぎ合いに見えた。軽やかに立ち回る瞬間の運動性がフリーズされて、弾みが形に封じ込められる。
「ぎりぎりでコントロールさせることで、緊張感のある形になるんだ」と高橋さん。できるだけ簡便な道具で、少しだけ手を添えてやることで、ガラス本来のダイナミズムを引き出そうと試みる。ジャズのスイングが聞こえるかのように、軽快なリズム感が流れているガラスなのだ。

私が大好きな透明ガラスの「片口」は、これ以上ないと思うほどシンプルなフォルムに柔らかさが漂う。しかも官能的でさえある。信じがたいガラスの形だな、と思う。色ガラスの鉢は、オブラートでくるんだようにふんわりした肌合い。ガラスの色に奥行きが感じられて、思わず撫ぜたくなるような和らいだ雰囲気がある。透明ガラスに色を重ね、さらに透明ガラスを被《かぶ》せて吹くというひと手間かけた作り方ゆえのこと。ただの色ガラスとは違うからだ。

ガラスは瞬間芸だから感覚的な工芸のようだが、高橋さんはガラスの魅力を最大限に引き出す可能性を探る作業をしてきた作り手だ。彼の論理的思考の上に立って、ガラスの器は生まれてくる。ライブ感が息づく一方で、どの器にもきりりとしたものが流れているのは、作り手の意思が形になって現れているからなのだと思う。

波模様のような凸凹の縞がある鉢は、安達征良《まさお》さんが考案したザギングという手法によるもの。重力によって生じるガラスの陰翳を模様に取り込んで目新しい。ガラスが自然に作った波のカーブが実に美しい。理科のシャーレのような平皿は、中山孝志さんの作。予想した以上に重宝なガラス器だった。無口な器だが、モッツァレラとトマトのサラダを盛ると花が咲いたかのように映える器だ。

4 「おいしくなーれ」の木べら

平岡正弘作木べら。上から、なんでも木べら2800円、
ぴったり木べら2800円、炒め木べら3000円、
パスタ木べら3200円。
穴の小は1人前用、大は2人前用のパスタメジャー。

使いよさは太鼓判。平岡正弘さんの木べらは料理上手になる魔法の杖。

わが家の台所に立った人は大抵、「えっー!」とあきれたような言葉を発する。窓際に並べた小壺には、料理用の木べらがぎっちり押し込んである。その数に驚くらしいのだ。

木べらに関心が向いたのは、新米編集者だった頃、先輩のお供で高円寺の佐藤邸へうかがったときからだ。保存食の著書もあり、料理上手で知られていた佐藤雅子さんは、趣味の木彫も素晴らしいという噂を聞きつけてお邪魔したのだった。

ひとしきり作品を拝見すると、「こんなものまで彫っちゃうのよ」と言いながら、手に握っていらしたもの、それが木べらだった。よく使い込まれていて、角がすり減って丸みを帯びたり、先っちょが焦げているものもあった。

「木べらはね、調理道具として大事なもので、これがあれば夫の胃の腑もつかめちゃうのよ」。雅子さんはこう言われた。

木べらと夫の胃の腑! 料理は経験不足だし夫もいない私には、その関係性は見当がつくはずもなく、まるでなぞなぞのようだった。けれど俄然、木べらに対する興味が湧いてしまったのだ。

煮込み料理も炒め物をするのにも、もっぱらステンレスのフライ返しを使っていたが、木べらを使ってみれば、なんと具合のいい使い心地だろうか。当たりも柔らかくて優しい。丁寧な仕事ができる。

「おいしくなーれ」と、気持ちを込める気にさせる道具なのである。

娘の結婚が決まったときには、木べらを探し回って集めて、束にして贈りものにした。母の味なる『わが家のレシピ集』を書き出して、洒落た料理ノートも添えようという心積もりではあったのだが……、レシピ集は未だに未完成。アイディア倒れになってしまったが、娘の台所の木べらは焦げ色もいっぱいついて使い込まれている。

木べらといえど、へら先の反り具合、へらの面積、握り具合によって使い勝手は断然異なる。木の種類によっても、持ったときのバランスや使い勝手が違うので、使いやすいものにはつい手が伸びる。わが家でも愛用してきたへらがすっかりくたびれてしまった。新しいへらの製作を平岡正弘さんに依頼した。

平岡さんは自分で料理にも挑戦。あれやこれやと工夫を加味したり、私にも二度も三度もサンプルを送ってきて試してみるよう要請された。行ったり来たりを何度も重ねてできあがった木べらがこれだ。平岡さんの選んだ木は、山桜。東北では結構、入手できる木なのだとか。やや硬めの木である。

大きい木べらは「炒め木べら」、穴あき用は、パスタのソース作りに具合がいい。大きい穴はパスタ二人前、小さい穴は一人前。両方で三人前を計れる「パスタ木べら」だ。鍋底のカーブとぴったりフィットする「ぴったり木べら」、これは寸胴鍋の中の具を余さずすくい取れるすぐれものだ。少し小さめで和風のお料理にも重宝なのが「なんでも木べら」だ。

「炒め木べら」は、へら先のカットが素晴らしい。微妙なカーブを描きつつ、へら先へと薄くしてある点が、一番のポイントで、一度使ったら手放せなくなると思う。

娘に言わせると「若者はこういうものにお金をかけないのよね」ということらしいが、料理一年生や料理好きには、ぜひ一度試してみてほしいと思う。

本間幸夫作本朱醤油さし27000円。
シックな木地溜塗りもある。

愛らしき醤油さし 5

必需品だから、使いやすく美しい漆のものを。

この醤油さしと出会ったときの感動は、今も鮮明だ。愛らしくてひと目惚れ。即座に求めて、帰るや否や、醤油を入れて試してみた。手塩皿に垂らすと、だぼだぼと出ることもなく、すきっと切れる。切れ味よし裏漏りもない。連載ページで紹介して十数年。本間幸夫工房の定番商品だ。ここまで完璧な醤油入れを制作するのは、手のかかること。おまけに外は朱塗り、内は黒塗り。塗り分けられたコントラストも美しい。

「格別細い口の内側を塗る特別仕様の筆も作りました」と本間さんは笑っていた。

わが家では、二代目を使用中だ。一代目は、一〇年余りの酷使に耐え兼ねて漆がかさかさになってしまい、おまけに落として口がわずかに欠けてしまった。修繕を頼もうかと悩んだが、思い切って二代目を新調したのだ。

津軽から平岡正弘さんが訪れた際に、醤油さしのことが話題にのぼった。彼には憧れの醤油さしだという。しまっておいた一代目を出してきて平岡さんに見せたところ、「塗り直せますよ。大丈夫、口も直せます」と言うではないか。「それなら、この一代目を差し上げるわ」と、平岡さんにお嫁入りすることになった。記念の一代目が、再び現役として活躍できる。ほっと安堵する思いだった。

結婚祝いになにを贈ったらいいか迷ったら、いの一番のおすすめは醤油さしだ。醤油さしは必需品なのに、探しはじめると、これというものがなかなか見つからない。漆の醤油さしは、日常道具の価格として安いとはいえない。しかし値が張るけれど、使ってみれば納得がいく。そんなものこそ贈りものとしてふさわしいと思う。

6 猫や犬のクッキー

同居人を知らせる引っ越しのご挨拶。

私の敬愛する染色家、柚《ゆの》木《き》沙《さ》弥《み》郎《ろう》さんは九〇歳を超えたが、好奇心のとどまるところを知らない。染色家の芹《せり》澤《ざわ》銈《けい》介《すけ》に師事したが、インド綿など広幅の布を使って、自在な柚木染色の世界を切り拓いた。パンチが利いた染色には、生命を謳歌する悦びがみなぎっている。染色のみならず、絵本、人形、造形、版画……。面白いと思えば、表現の可能性を求めアイディアを駆使して前進。柔軟な精神の持ち主なのだ。

その柚木さんがデザインしたクッキーとお菓子の箱がある。

お嬢さんとお孫さんたちが、「hana」とい

左ページ／ネコボックス、黒イヌボックス（クッキー8枚入り）各1260円。

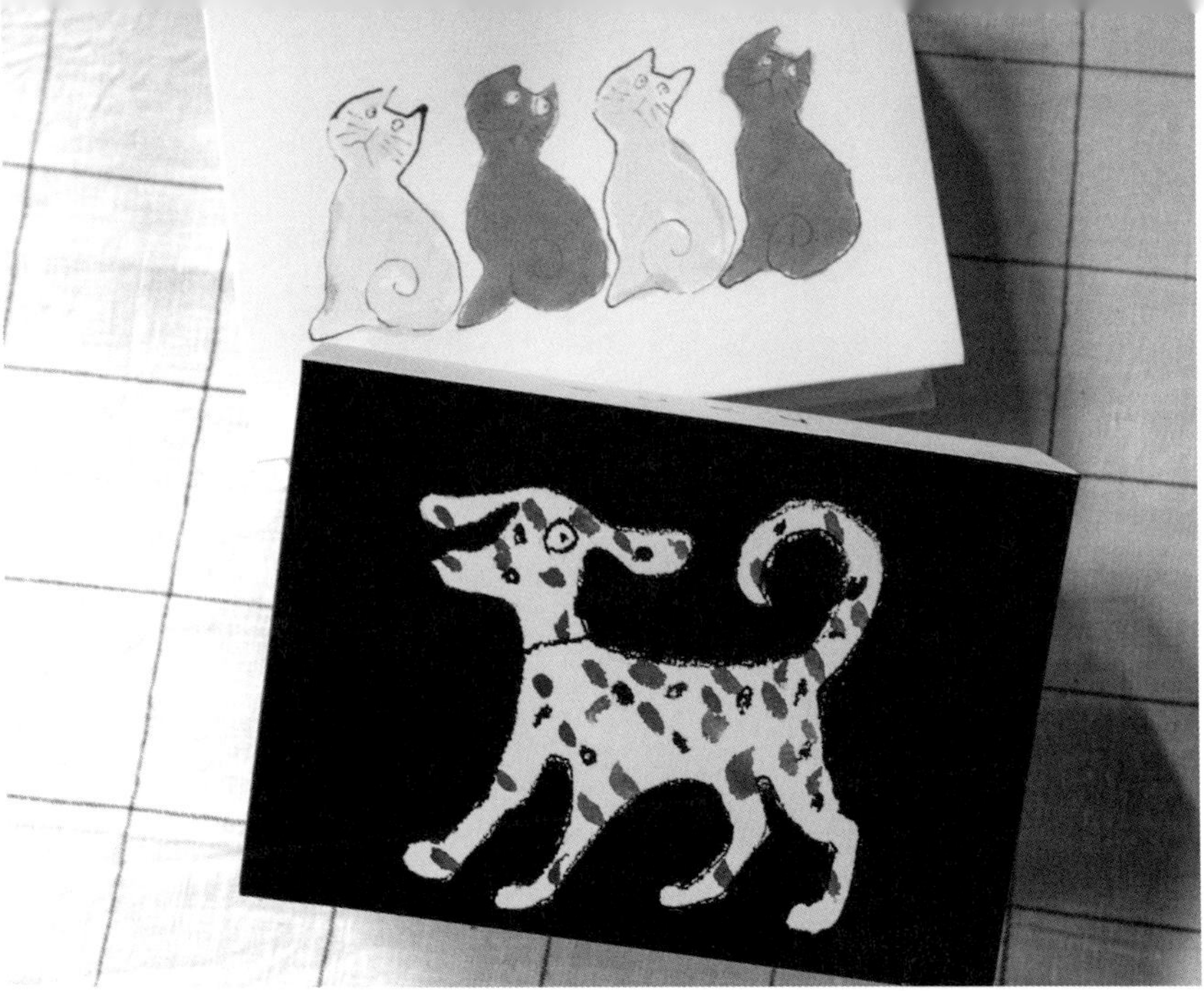

うホームメードクッキーの店をオープンするにあたって、クッキーや箱、マグカップをデザインし、下絵も柚木さんが描いた。猫、犬、うさぎ、子ども、家、天使などクッキーのモティーフは、おおらかで飄々としている。いかにも柚木さんの世界だ。

パッケージの箱も、私は大好き。この箱がほしくて、クッキーをやたらに頼んだこともあった。すまし顔の猫が四匹並ぶ箱、もしゃもしゃの犬が描かれた赤い箱、パリの街を散歩しているようなスタイリッシュな犬の黒い箱。柚木さんのアイロニカルな眼差しも感じられて、大人の雰囲気が漂う箱である。

犬を飼っていれば、犬の詰め合わせ。猫が同居人だったら猫ボックスを引っ越しの挨拶に配るのは、どうだろう。

引っ越し挨拶にこんな箱とクッキーをもらったら、隣人のセンスに脱帽してしまう。クッキーと素敵な箱を仲立ちに、たちまち打ち解けて友達になれると思う。

ペーパーウエイト 7

扇田克也作「HOUSE」5000円（小）、
10000円（中）、20000円（大）。

Holzデザインペーパーウエイト、右上から時計回りに、
SEKISOU（樺細工）9000円、IEKURO（南部鉄器）3200円、
URUWASHI（漆朱塗り）5500円、富山県高岡市の伝統産業である
真鍮鋳物IEMONOプラス（鋳肌）3800円、同（真鍮着色・古美）4300円、
IEMONO（南部鉄器・屋根磨き仕上げ）3500円。

小さな家に、「新居おめでとう」の気持ちを託す。

仕事机の脇には、扇田克也《おうぎだかつや》さんのガラスのペーパーウエイトが飾ってある。

扇田さんが初期から一貫して作っている家の形のシリーズ、「HOUSE」である。

五月晴れの光の美しい頃になると、ガラスの家にも光がもたらされる。

「ああ、春が来たなあ」

きらりとした輝きを見ていると、心が軽やかに弾んでいく。雨がちな日には、ガラスの家も曇っている。憂いを秘めた鈍い色を帯びているのを見ながら、「今日は家籠りの日だ。一日なにをして過ごそうかな」などと、自分に言い聞かせたりする。

ガラスは無機質なのに光を孕むから、外光によってさまざまな表情を見せる。天候だけでなく、朝に夕に、宵にと変化する。ガラスの家は、まるで心象風景を語るようでもある。

家は、家族や血縁者たちが居住する箱だ。切妻屋根の形は、「人」や「入（る）」という文字にも通じているが、この中で、人はうごめき、葛藤し、笑い、哀しみ、学び、呼吸をしている。生きる営みをしている。家の形というのは、生きることの一つの象徴なのではないだろうか、と勝手に思い込んでいるのだが。

家の形を見ると、私はなぜか惹かれてしまうのだが、扇田さんがHOUSEを作り続けるのも、家という形が人に何かを感じさせずにはおかないからではないか。

盛岡を旅していたときに、家のペーパーウエイト群に出会ってやはり心が躍った。Holzが制作するH40とよぶシリーズだ。ホルツというのは、ドイツ語で木材を意味しているのだという。インテリアを中心にしたオリジナル商品開発と制作をしている集団とのこと。〝H〟には、House、Height（高さ）、Holz、そして店主のHirayamaさんのイニシャルを重ねている。40という数には、縦、横、高さが40ミリという大きさを込めて名付けられた。いわば平山さんの思いの籠った家たちだといえる。

縦、横、高さが40ミリというのは、愛らしい形だ。しかも、切妻屋根のペーパーウエイトには、南部鉄器はじめ各地の職人たちの技術を生かす伝統仕事が漂う。鋳鉄を磨き仕上げにしたり、鉄そのものの風合いだったりして、美しい仕上げが好もしい。また、浄法寺《じょうぼうじ》という漆産地を抱える岩手ならではの漆塗りの家もある。小さな家なのに、端然とした存在感がある。伝統工芸の職人仕事を凝縮させた風土の力が、四〇ミリの形から発散されているのだ。

迷った末、私は樺細工の家を選んだ。桜の皮を用いる樺細工は秋田の角館《かくのだて》の伝統工芸。やはり、東北の伝統の仕事の一つで、角館に行けば樺を使った茶筒や菓子皿にお目にかかれる。この家は、磨いた桜皮を一〇〇枚近く重ね合わせた美しい仕事だ。南部鉄器のような重さはないけれど、年月と共に桜皮は一層艶々と深みを帯びていくだろう。無駄を省いた究極のシンプルな家は、そこにあるだけで凛として美しい。

新居のお祝いに、家のペーパーウエイトはどうだろう。

新しい家という形の中で、呼吸し合いながら新たな家族の伝統が紡がれるスタートだ。

小さな家を大きく豊かな空間にするのも家族しだい、という希望を託して。

8

大きめの皿

右上から時計回りに、山本源太作白釉四方皿20000円、
村田森作楕円皿 10000円〜、今井一美作「そらまめ」10000円、
久保田健司作いっちん飴釉皿 4500円。

まず一枚あれば、日々の食卓の助っ人なり。

先日、「甚六会」の面々が何年ぶりかでわが家に集まった。「甚六会」とは、夫の学生時代からの親しい友人仲間四人のこと。今は夫人ともどもの付き合いになった。なぜ甚六会と呼ぶのかって?

そう、男たち四人とも、揃いも揃って長男なのだ。『広辞苑』にはこうある。甚六とは、「総領息子をあざけっていうこと」と。どうやら、お人よしやぼんやりを含む言葉でもあるらしい。ぼんやりは一人もいないけれど、彼ら四人の人のよさはなかなかなのである。

二十数年前、甚六会の仲間から新築祝いをいただいた。大皿だ。直径三〇センチもの尺皿で、残念ながら作者の名前は忘れてしまったが、西麻布にある「桃居」の包みで、憧れの器屋さんだったので店の名はよく覚えている。

こげ茶色の釉の陶器である。眼をみはるようなシャープな皿ではなく、落ち着いた深みのある色味で、料理を盛るとよく映える。料理を引き立ててくれる。

そういえば甚六会には、「われこそは」という自己主張の強い人はいない。むしろ、仲間の引き立て役に回ろうとする男たちばかり。まさにいただいた皿のごとし。

皿を贈る際のヒントが、ここにある。洒落て個性的なものは、いくら自分が気に入っても選ばないことが肝心だ。相手には相手の好みがある。長男の甚六風という雰囲気を漂わせたものが一番。鷹揚で包容力のあるものを選ぶといい。

無地風の土ものは、一枚あると重宝する皿だ。九州の八女で焼いている源太窯の角皿には、土を削った微妙なニュアンスが漂う。さざ波のような砂丘のような雰囲気で、山本源太さんらしい繊細さが感じられる。同じ大きさで白と黒の二種があるから、贈る相手の服装の好みなどを思い浮かべて決めれば間違いがない。

磁器だったら、染付がいい。白地に藍模様はすがすがしく、比較的受け入れてもらえると思うが、染付の絵は千差万別。絵付けしだいで、印象はかなり異なる。

最近、村田森さんの楕円皿を求めた。この人の器には頑張った感がない。自分が興味ある世界にどっぷり浸っているのは確かだが、気負わない。それなのに、といおうか、それだからだろうか。恬淡《てんたん》としている。さらっと肩の力が抜けている。

「主役でなくていい。なんとなく『ええもんだな』と思われる脇役を作りたい」

村田さんから聞いた器作りへの思いは、器というものの本領だと思う。

絵は、縄跳びをしている女の子の図柄。私もヨーロッパの蚤の市で、同じ図柄の古タイルを入手した。これも、多分デルフト・タイルの写しだと思う。

楕円皿は意外にいいものだ。茹でたグリーンアスパラガスを盛ったら、どんぴしゃり。料理を邪魔せず、使って楽しい。染付だったら、こんな器を見つけたい。

今井一美さんの絵皿は、おいしそうだ。大胆な空豆の絵を見て、豆好きの私はすぐ手が伸びた。カラーピーマンや蓮根、大根を描いた皿もあり、おおらかで楽しい。贈られて喜ばれる一枚だろう。

久保田健司さんの皿は、益子の陶器市で娘が見つけてきた。若々しい感覚で、私だったら見逃していた一枚だ。新鮮な感覚をかってご紹介したい。

大きめの皿は、自分ではあまり買わないものだし、引っ越した当座は、大皿一枚あれば大助かり。新居祝いや転居祝いには、感謝されるプレゼントになるはずだ。

9 箸おき

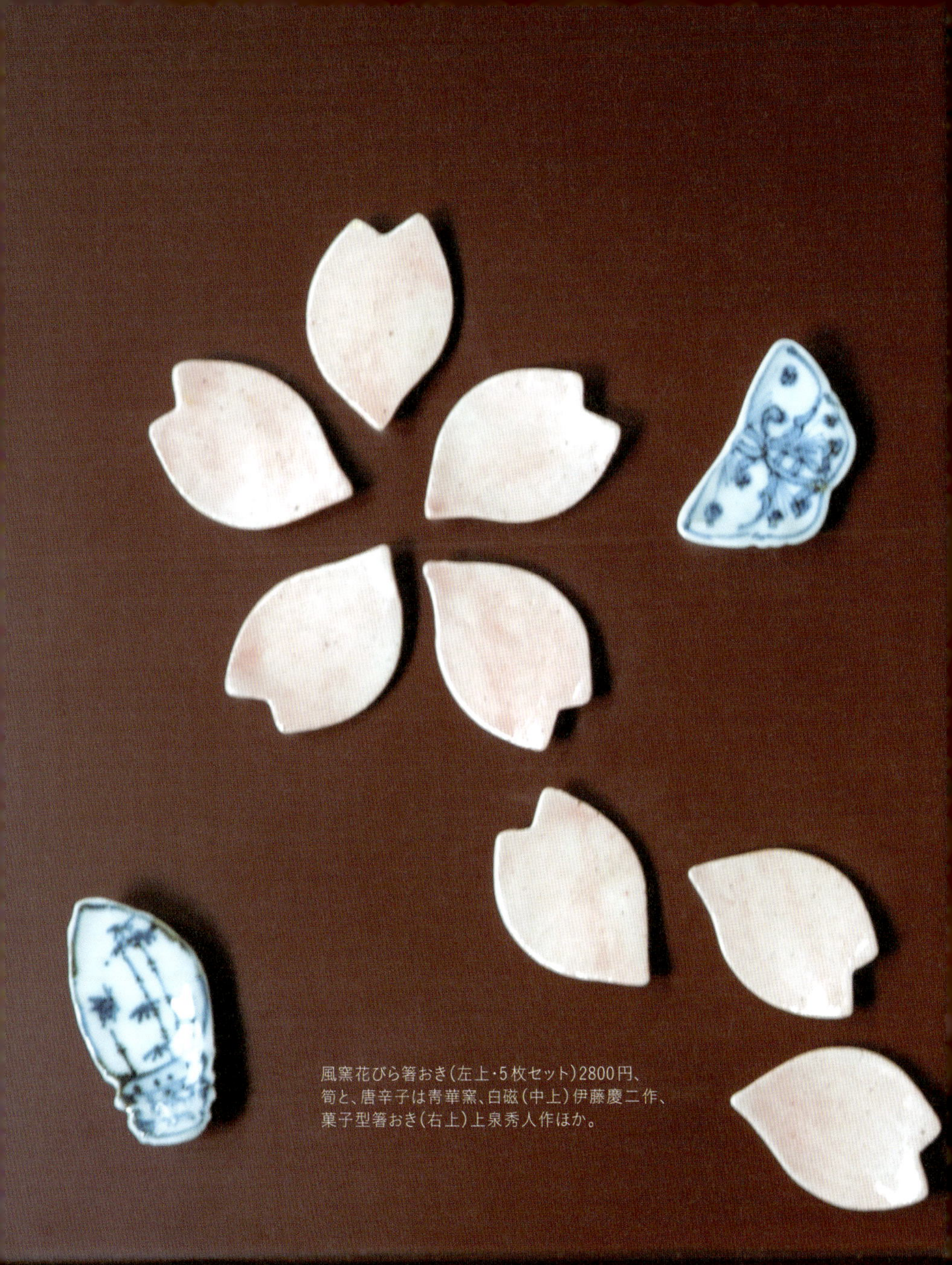

風窯花びら箸おき（左上・5枚セット）2800円、
筍と、唐辛子は青華窯、白磁（中上）伊藤慶二作、
菓子型箸おき（右上）上泉秀人作ほか。

小さな脇役の存在感。
引っ越した季節の記念に。

手仕事の品物を贈られて、趣味に合わないものをいただいたときほど困ることはない。一生懸命選んでくださったことが想像できるから、一層、身が縮む思いがする。かといって、好きでもないものを目の届くところに置く気分にはなれないし……。遊びにきた友人が、「お多福とひょっとこ」の箸おきをお土産にくださった。

あらま、どうしよう。少々困惑したのは事実だ。だって、自分では選ばない箸おきなのだ。そのまま、抽斗《ひきだし》にしまっておいてすっかり忘れていた。

たまたま気分が落ち込んでいるときに、抽斗の片隅にあるのを見つけた。何気なく食卓へ並べたところ、箸を置くたびに滑稽な表情が目に入るではないか。食事をしているうちに、くよくよしていることが馬鹿らしくなってきた。小さな箸おきの特効薬だった。かくも、脇役で小さいながら箸おきは存在感がある。

箸おきといえば、こんなこともあった。

ずいぶん昔の話だが、夫がホールインワンをやってのけた。ゴルフを始めて間もない頃だったから、舞い上がって帰宅した夫は、私の顔を見るなり開口一番、「記念品を配らなきゃならないんだ。何にしたらいいかな」と勢い込んで聞いてきた。

「えっ！　お祝いをもらうのではなくて、自分から配るの？　そんなのあり？」

「ホールインワンって滅多に起きない稀有なことなんだよ。僕のは、正真正銘まぐれあたりだけどさ、でも、珍しいことだからこそ祝いの記念品を配るんだ。ほら、名入りタオルとかTシャツもらったろう?」

「そうか〜。他人の名入りタオルがあるのは不思議だったけど、そんなのもらってもうれしくないわね。人にも贈りたくはないな」

「それなら、なにかいいアイディアないか?」

ホールインワンを打った状況を聞くと、満開の花吹雪の下だったという。反射的に小川博久さんの風窯の花びら箸おきが浮かんだ。桜の時期が近くなると使う箸おきだ。〈花吹雪の下で打ちました〉とメッセージカードを添えてはと提案した。

ずっと後になってからのこと、

「後にも先にも、こういう記念品はなかったよ」と彼は苦笑した。

「えっ、まずかったの?」

「いや、奥さんたちには評判よかったらしいよ」。慌ててつけ加えていたのだが……。

蛇足だが、ホールインワンはやはりこの一回だけ。以後二〇数年間、記念品に悩むチャンスは訪れない。

新居に移られた季節の箸おきを選べば、ささやかな記念になるはずだ。

羽子板や凧など正月の風物詩もあるし、筍、蝶、唐辛子、ガラス製など四季折々のものまで、探せばいろいろ歳時記のようにみつけられるはずだ。

それに加えてひと言。手仕事の贈りものを考えるとき、小さいものを選ぶのは極意であるともいえる。

IO

お茶と急須とおまんじゅう

左ページ／永井健作焼締め急須
17000円(右・2度焼成)、16000円(3度焼成)。
上／ラトビア製手付き籠4000円。

急須を添えて
「甘露の一杯で
ひと息」を贈る。
引っ越し見舞いに。

妹が引っ越しをするという。私は妹に借りがたくさんある。お返しをするいいチャンスだ。張り切って手伝いを申し出たところ、「けっこう、けっこう。お気持ちだけでうれしい。ありがとう」。あっさり断られてしまった。

「自分でゆるゆるとやりたいのよ」

言い出したら耳を貸さない妹だ。代わりに雑巾を縫って贈ることにした。ガシャガシャとミシンを動かしていて、ひと働きの後には甘いものをつまみたくなるはず、と思いついた。近所の和菓子屋でおまんじゅうを包んでもらって、雑巾と一緒に届けた。

夜遅くなってメールが届いた。

「雑巾をたくさんありがとう。使うの、もったいない。おまんじゅうが最高！ つい手が出てパクパク。ところがなんていうことだろう。急須やポットが見つからない。折角のおまんじゅうをペットボトルのお茶で食べました」

急須か！ うわあ、大失敗。私も、引っ越し荷物から出てこなくて、近所のお茶屋に駆け込んだ経験がある。疲れたときこそ、一杯のお茶は甘露なのに、ペットボトルじゃ話にならない。急須や茶葉も一緒に渡せばよかったなあ。

お茶は、岩茶房の中国茶が好きで、長年飲んでいるのだが、つい最近、宮崎県の日之影で作っている釜炒り茶がマイブームに加わった。

旅先でいただいた茶で、「月の雫」という名前にも気を惹かれた。日本茶といえば今や蒸し製茶がほとんどだが、「月の雫」は生葉を炒ってお茶にしたもの。釜炒り茶だ。

蒸し製茶より歴史はずっと古いが、手もかかるし時間もかかる。現在は零細農家が作るのみとなったが、日之影の人たちは、みな釜炒り茶を愛飲してきたのだ。

できたばかりの新茶は、馥郁と香りがたちのぼる。さらりとしているので何杯でも飲める。二杯目は、異なる味わいがするのも楽しい。製作者は、「一心園」の甲斐一心・鉄也親子。イギリスの食品コンテストで三年連続入賞したという新聞のニュースが土産物屋に貼ってあったが、本人は大した宣伝もせず茶を炒ることに専心しているらしい。もちろん農薬、化学肥料を使っていない有機栽培だ。

急須は誰のにしようか。急須といえば、常滑や万古が産地だが、近年は急須作りを専門にする作り手が増えている。わが家では、内田鋼一さんや永井健さん、若杉集さんの急須に手が伸びることが多い。ともかく注ぎやすくて、茶葉を入れる口の大きさがほどよいこと。茶葉がつまりにくいことは、大事な点だ。そのうえ私が最も気になることは、急須に品があるかどうかということだ。品がない急須は、お茶もおいしく入らない。不思議なことに、品のある急須で淹れれば、おいしさも倍増する。

永井さんは、薪窯で焼成するから、焼締めの色は百種百様。一度焼いて気に入らないと、二度三度と窯に入れ直すこともある。舐めたような火の色や溶けた釉が垂れ、一層魅力的な肌に生まれ変わって窯から出てくる。薄く挽いてあって軽いし、ポットにも使える形を選べば、紅茶にも大丈夫。お茶を淹れるほどに、土肌はしっとりと艶を帯びていく。ますます味わいを深めていくはずだ。

よし、次回の引っ越し見舞いには、おまんじゅうだ。急須と湯呑と茶葉を添えるのを忘れないようにしなくちゃ。

丁子恵美さんが創る
キュートな時計で、
溌剌と一日が
スタート。

時計

for housewarming

丁子恵美作ガラス時計16000円。

新築祝いや転居祝いに時計を贈るなんて、あまりにも無難すぎて常識的。誰だって思いつく贈りものだと思うだろう。

ところがどっこい。丁子《ちょうし》恵美さんが創る時計のユニークなことといったらないのだ。その独創性ゆえに、相手を選ぶといえば選ぶのだが、時計はリビングルームだけでなく、ベッドルームにも必要。朝の一刻を争う洗面所やトイレにもあると便利だ。丁子さんの時計は、そんなプライベートな空間に似合う時計だといえる。

友人の家のトイレを借りて、整然としたリビングルームとは全く異なった空間に驚いたことがある。コレクションしているクリスマスグッズをぎっしり詰め込んで、びっくり箱のごとし。入るなり、驚いてたじろいだ。壁にも天井にも振り向けばドアにも、窓の桟にも大小の愛らしいものがピンナップされている。時間を忘れて長居。一つひとつ眺めて存分に楽しんでから出てきた。

こんな楽しい時計がトイレにあったなら、そこは非日常的雰囲気。家の中で特別区になるはず。折角手に入れたわが家なのだもの。おおいに個性的に楽しむといいと思う。

丁子さんのガラスは、吹きガラスではなく、板ガラスを使用する。キルンワークによるゆがみのある小盃など、キュートな器を得意としており、ステンドグラスの工房に勤めたことがガラス制作の原点だという。素材だけでなくキャンディのように鮮やかなガラスの色調にも、ステンドグラスの華やかさが生きているのかもしれない。

一〇年ほど前から金属表現にも着手。時計には、ガラスに鉄など金属を合わせている。「ガラスだけでは表現できないことができるので楽しい」と言う丁子さんの時計には創る楽しさが生き生きと弾んでいる。

for newborn babies

12

ベビーバスケット

生まれて三か月だけ。
小さな
レンタルベッドを
お祝いに。

等々力にある家具やインテリア雑貨の店、「巣《す》巣《す》」。インテリアデザインを学んだ岩崎朋子さんの店で、店のポリシーは「上質の天然素材でデザインのよいもの」。素材にこだわっていることが店の品々からも伝わってくる。

力を入れているものの一つが、バスケットだ。それもバルト三国の一つ、ラトビアに毎年買い付けに行くのだという。

六月の初め、ラトビアの首都リガでは、ハンドクラフトのフェスティバルが開催される。三五年間続いているクラフトフェアだそうで、十数年足を運ぶうち、バスケットの職人たちと親しくなったのだとか。ラトビアのバスケットは、柳が素材。日本でも豊岡には杞柳《きりゅう》細工という伝統工芸がある。昔柳行李《こうり》を作っていた土地だ。それと同じ柳の種

ラトビア製ベビーバスケット。
レンタル料金（3か月）5000円。

類かどうかわからないが、ラトビアの柳のバスケットには、柔らかさがあるように思う。

ベビーバスケットも、ラトビアでみつけた一つだ。

「あんまり可愛いのでほしくなったけれど、使う期間は短いと思うので、売るのではなくレンタルということにしました」と岩崎さん。

確かに赤ちゃんは、最初の数か月はただ寝ているだけで、ベビーベッドは不要だ。

しかし大人のベッドでは不安でもあり、立って生活することが普通になった暮らしでは、床に布団も少々心細い。

娘に赤ちゃんが生まれた当初は、東北の手つきのヨコダ籠に大きなタオルを敷いて、その中に寝かせておいた。部屋掃除のときには、竹籠ごと食卓テーブルにポンと置けばいい。動いて寝返りを打つまでの数か月は、こんな小さなベッドが重宝する。

ラトビアの籠は、揺り籠や乳母車のような幌がついているのが可愛らしく、夢を感じさせる。レンタル料金は三か月で五〇〇〇円。予約制だが、こんな出産祝いの贈りものも気が利いていると思う。

ヨコダ籠を使った娘は、ベビーベッドに移行してから、籠はオムツ入れとして使用していた。現在では、洗濯もの用の籠としてバリバリの現役。赤ちゃんが生まれたら、籠の贈りものも重宝すると思う。

竹のベビースプーン 13

伏見眞樹作ベビースプーン6000円、
ベビーフォーク6500円。
名入れは500円。箱の中には削った
竹の繊維をクッションに。
カードはひがしはまね作(P.149参照)。

初めてのカトラリーに赤ちゃんの名前を刻んで贈る。

このベビースプーンとフォークを掌にのせていると、差し上げる赤ちゃんの顔や手が浮かんでくる。もちろん生まれて数か月。まだ見ぬ相手なのだけれど、キャッキャッという笑い声が耳元で聞こえたような。くびれのあるぷにゅぷにゅの手首や、一生懸命スプーンの柄を握る小ちゃな指が浮かんできたりもする。わくわくしながら、包み紙やらカードやらをあれこれ思案する。まるで小さな恋人へ贈るような幸せ感を、こちら側でもとくと味わうことのできる贈りものなのである。

それは、食べることを覚えて成長していく未来が、この匙には託されているからだと思う。まことに愛すべき漆のベビースプーンとフォークなのだ。

金属以外の素材でベビースプーンを作ったのは、伏見眞樹さんが初めてではないだろうか。木を削った匙はあったかもしれないが、孟宗竹のベビースプーンは、伏見さんの独壇場だ。とにかく竹でカトラリーを作るなんて驚くべきこと。かなり破天荒で独創的なことなのだ。

だって、どう考えたって竹と漆は相性が悪そうだ。塗った漆を吸収しないでつるつる流れてしまいそうな気がする。そのうえ、スプーンは曲面ばかり。お椀を塗るより手間がかかるし、漆の量だって半端ではないと想像できる。

きっかけは、お嬢さんの離乳食用スプーンだった。近所の竹を使って匙を作ってみた。当初は、さして思惑もなく竹を選んだらしいのだが、ある日、匙を自分で使ったところ、目から鱗が落ちたのだ。滑らかな舌触りは、味わったことのない心地よさ。こりゃあ、なんとかしたい。試行錯誤を重ねて、ついに竹のカトラリー類を誕生させたというわけだ。次に生まれたのが、ベビースプーンとフォークなのである。

「匙の先から持ち手へのカーブは、どうやったのですか？」と聞くと、

「茶杓にヒントをもらいました」と言う。

茶道で使う茶杓は、蠟燭であぶりながらたわめる。見様見真似でやってみて、伏見さんも微妙にたわめることができた。竹を粗削りしておいてから、一本一本、えもいえない反りを作っていくのだ。

竹ゆえの利点は、軽さにもある。いうまでもなく漆は、温もりと手触りのよさが身上。質感も柔らかさも金属のものは到底敵《かな》わない。上塗りには国産漆を使用、初めて食べ物を口にする赤ちゃんも、安心して使える匙だ。

少々心配なのは、こんな舌触りのいい匙で育ったら、上等な舌の持ち主になって、お母さんを困惑させるかもしれないことだ。

赤ちゃんの誕生を聞いたら、私はとりあえずカードだけを送るか、いずれベビースプーンとフォークを贈る予定を告げておいて、赤ちゃんの名前を柄に刻んでもらってから贈ることにしている。誰もが驚き、感激してくださるプレゼントである。

差しあげて一年後、知人が「どうしよう。歯で噛んでがちがちになっちゃった」と相談してきた。

よほどのことでなければ、直しが利くのが漆ならでは。その匙もひび割れがあって結構派手な傷み具合だったらしいが、「信じられないほどきれいになって戻ってきたわ。大きくなったら記念にあげるの」。数か月後、再び喜びの電話があった。

ちゃんの靴

右ページ／大河なぎさ作「Shoes Album “0”」のギフトボックス8000円。
0歳用の靴（左）はピッグスキン。12センチの1歳用は、牛皮、バッファロー、ヤギの2種類など4パターン。15000円。

抱っこしたり
ベビーカーに乗せたり、
ほんのひと時の、
でも忘れられない
時間のために。

「Shoes Album "0"」と贈りもの用のボックスには書いてある。

「〇《ゼロ》って、まだ歩けないときの靴のことですか？」

通常、赤ちゃんがつかまり立ちして歩けるようになるのは、一歳前後だ。

「そうなんです。生まれて三か月からせいぜい半年くらいまでの靴。歩く前の靴なんです」

箱の中から出して、〝〇〟なる靴を見せてもらうと、大人の両手にすっぽり収まってしまう小ささ。見るからに柔らかな革で、赤ちゃんの肌を優しく包むように手縫いされている。思わず頬ずりしたくなるような愛らしさ。見ていると顔がほころんでしまう可憐さだ。

〇歳の靴を作ったのは、大河なぎささん。大河さん自身はまだ未婚なのに、どうして、歩ける前の赤ちゃんに履かせる靴なんて思いついたのだろう。

一〇年ほど前の夏、ひょんなことから靴学校というものがあることを知った。

「靴って自分で作れるんだ」と飛び込んだ大河さんは、すっかり靴作りのとりこになってしまった。職業訓練校で一から基礎を学び、靴メーカー勤務を経て独立。

「ちょうど、友人の間で次々赤ちゃんが生まれたので、ファーストシューズを作って贈ったんです」

もちろん、みんな大喜び。生まれたばかりの赤ちゃんに履かせて撮った写真を送ってくれる。ところが、どの写真を見ても、ぶかぶかのベビーシューズが写っている。

「あらためて『赤ちゃんの足って、こんなに小さいのね』と思って、その時の記録が残せるといいなと思いついたんです」

生後三か月から半年といえば、ハイハイもまだで抱っこしたりベビーカーにのせたり、お出かけの洋服を着せる機会も多い。ソックスの代わりに、こんな小さな靴を履かせたらさぞ可愛いだろうな、ともひらめいたのだという。

使用する革は、国産のピッグスキン。日本では品質のよい豚革を輸出するほど生産している由。身元がはっきりしている革というわけだ。ピンクベージュの色は、ナチュラルな革の色。モカシン製法とよばれる作り方で、一枚革で底と側を包み込みアッパーとベロの部分を手縫いして、マシュマロのような赤ちゃんの足にフィットするよう仕上げてある。小さな縁のレースが、うぶな赤ちゃんの足にいとおしい。

記録として残すためのボックスがこれまた考え抜かれている。「箱や袋のデザイナーをやっていた経験が役立った」と大河さん。ブック形のボックスを開けると、右側に〇歳の靴、左の蓋裏にはフォトフレームがあり、この靴を履いた赤ちゃんの足の写真を収めるようになっている。

出産した友人への贈りものとしても意表を突いたプレゼントで、包みを開けたときの感激ぶりが想像できる。母から子どもへのプレゼントとしても、またとない思い出の品となることだろう。

赤ちゃんは、やがて自分の足で立って歩くようになる。そして、いずれ成人すれば自立する。「立」がつかない時間というのは、本当にわずかだ。その「時間」の贈りものである。その時があったことを忘れずにいてほしい。素晴らしい贈りものだ。

15 フォトフレーム

今井ふみ子作フォトフレーム。
象牙＋ストーン仕上げ2Lサイズ用（左）、
薄荷色とシルバーの上質たたき＋金属仕上げ
2Lサイズ用（右）、立体感があって愛らしい
レース仕上げポストカードサイズ用（中）。10000円〜。

ベビー誕生に、額縁仕上げの二つとない写真立てを。

外国で人の家へうかがうと、ピアノや暖炉の上に家族の写真をずらずらっと飾ってあるのを見ることがある。私には、そんな趣味はなかったのだが、結婚した長女が、なにかというと自分たち家族の写真を、フォトフレームに入れて贈ってくれる。いつの間にかチェストの上は写真でいっぱい。私も亡くなった父と一緒に撮った写真や、義父の写真をフレームに入れて、横に並べることに相成った。

長女も次女も、部屋にはいくつも写真を飾っている。彼女たちは、フォトフレームにも凝っていて、「この貝殻模様は、夏休みにどこそこで見つけた」とか、「これはアール・デコっぽいでしょ。クリニャンクール（フランスの蚤の市）で買ったのよ」「こっちは、結婚祝いにいただいた銀製。上等なんだけど、時々磨かないと黒ずんじゃうんだ」とか……。

聞き耳を立てていると、それはそれで楽しい。フレームと中に入れた写真につながりがあれば、なお一層、物語となって家族の歴史を伝えてくることに気づいた。

今井ふみ子さんは、「Frame Recipe」という額縁工房を主宰している。

彼女の手にかかると、白い骨董陶器のデルフト風にもアイボリーの象牙風にも、いぶし銀の風合いでもＯＫ。いかなるテイストの額でも仕上げてもらえる。

町を歩いていても、今井さんは額のことで頭がいっぱい。何かが目につくと「額縁にしたらどんな感じかしら」と思うのだという。時には石ころを拾ってポケットにしのばせて帰り、質感や色合いを再現するのに腐心することもあるらしい。

既製の白木のモールディング（額縁の木地）を使って、色を塗り重ねたり、ヤスリをかけたり、色を剥ぎ取ったり。二つとない額縁に変身させてしまう名手なのだ。彫刻に見紛うばかりの額は、レースを貼って絵の具で塗り固めたという。あたかも細かい彫刻のごとし。独創的な発想を駆使し、二つとないフレームを作ってしまう。額縁より小さく軽やかに作ってもらえば、フォトフレーム。とびっきりお洒落な贈りものになること間違いなし。誕生記念には格好の贈りものだと思う。

オーダーするときには、どんな感じのものにしてほしいのか決めておくことが肝要。布でも紙でもなんでもいい。好みの風合いや色の見本などを持参して、今井さんに見てもらうと失敗がないと思う。

わが子に、自分で写真立てを作って贈るのもいい記念になると思う。今井さんの教室では、初心者がお子さんやお孫さんにフレームを作ったことがあるという。下の写真が、その作品。イニシャルは、今井さんがフィレンツェで見つけた飾りだ。生まれた時の写真を入れて「ママからわが子へ」。手渡す最初の贈りものが手作り。しかもずっと飾っておける。いいなあ。ぜひトライしてみてはいかがだろう。

教室の生徒さん作。フィレンツェの木製パーツを貼っている。

16

Myグラス

甥の就職が決まった。地方で一人暮らしをするそうだ。

お祝いにワイングラスと赤ワインをプレゼントしようかしら、と娘に相談したところ、一蹴されてしまった。

「今の若者は、一人でワインなんて飲まないでしょう」と。「大体、一人暮らしにワインのボトルをもらっても持て余すだけよ」。

うーん、さもありなん。

「じゃあ、なにを飲むの?」

「焼酎が多いんじゃないの? 最近はハイボールかな?」

プレゼントとしてはワイングラスのほうがお洒落な気がするけれど、急きょUターン、タンブラーを探しに出かけた。水を飲んでもいいし、ジュースにも麦茶にもOK。一人暮らしには重宝なMyグラスになるかもしれない。

決めたのは中山孝志さんのガラスの器だ。かねてから「暮らしのうつわ花田」で、彼の腕のほどを耳にしてはいたが見るのは初めてだ。確かに、技術の冴えが伝わってくる端正な宙吹きガラス

「しっかりやれよ」。
社会人の新米に
中山孝志さんの
確かな品を。

中山孝志作。唇の当たる縁はリム付のタテモールウイスキーグラス5200円(右)、切立グラス4000円。

だ。同じガラスといえども、高橋禎彦さんの華やかさとか柔らかさとは違う。なにかもっと別の魅力。そう、手堅さ……だ。「頼むよ」と言いたくなるような手堅い仕事を感じさせる。

この確かさは、社会人となった祝いにはちょうどいいかもしれない。新入社員はストレスが多い。仕事上で感じるあれこれを、夜の一杯の焼酎で思い返したりするのではないか。そんなときには、掌にしかと手応えのあるグラスでないと駄目だ。心のうちを受け止めてくれる頼もしさがあるグラスでなければ。

彼は炭酸で割って飲むのかな。だとしたら縦長のモールグラスだ。ロックだったら、断然切立グラス。無色のすっきり堂々とした風情は、ロックがさぞ旨いことだろうと思わせる。

グラヴィール作家の花岡和夫さん(一二八ページ)に、社会人となった年号の数字を、刻んでもらうのもいいと思う。社会人記念のMyグラスというわけだ。

celebrating a new job

17

針箱の鋏

就職を機に、家を離れる若者も多いだろう。日常家電とか食器などは準備するものとしてすぐ浮かぶ。なかなか思いつかない必需品の筆頭が、針道具だ。

単身赴任をした夫からも、「やっぱり針箱が入り用」とSOSが入った。ほつれたりボタンが取れたり。使用頻度は年に数回でも、針と糸と鋏はどうしても必要だ。

針道具の中に入れるものに、ぜひ選んでほしいものがある。鋏である。母から、鋏は人様に贈るものではないと聞かされてきた。「縁を切る」につながるからか。

ここで紹介する本種子鋏《ほんたねばさみ》は、江戸からの刀鍛冶《かたなかじ》の技を継ぐもの。その切れ味たるや、群を抜いている。今でも、機械に頼らず古式の製作を続けているのが種子島の牧瀬義文、博文兄弟で、炭を使って焼き入れをして鋼《はがね》の硬度を引き出す。炭火の温度は、風や気温、天候によっても変わる。ほどよい鉄の赤み（柿の熟した色だという）を、目と勘で判断するために、作業場には、わずかに裸電球が一つ下がっているだけだ。火造り、焼き入れ、研磨と、量産のきかない丹念な手仕事で作られる。

腕の先がくるりと巻いているのが、種子鋏の魅力でもある。巻いた先端はミナジリという。ミナとは巻き貝のことで、い

刀鍛冶の鋏を
そっとしのばせる。
手仕事のよさを
知ってほしくて。

牧瀬義文作本種子鋏4110円（4寸）〜。針山は、勢司恵美作。

かにも島生まれの鋏なのだ。また、黒く染めた腕は、銃身を黒光りさせた錆止めの手法。ポルトガル船によってもたらされた火縄銃を盛んに作ってきた種子島の歴史がここに重なっている。

この仕事を伝えたいと思い、あきる野市の「クラフトサロン縁」に頼んで扱ってもらってきた。使わないと、手仕事は途絶えてしまう。母の言葉が頭をかすめるが、それでも私は針仕事をされる方に贈ったりする。

若い人たちの門出に贈る針箱には、種子鋏をさりげなく紛れ込ませておこうと思う。いつか彼らが、日本の伝統の仕事に気づいてくれれば、万々歳なのだが。

18

箸箱

食い扶持確保
おめでとう。
しっかり
食べてね。

柏木圭作栗懐中箸箱。白木オイル仕上げ5500円（手前）、
アンモニア燻蒸5800円（中）、拭漆8700円（奥）。

小枝のような棒のような形が「箸箱だ！」と気づくのに数秒かかった。それくらいこれは、意表を突く形なのだ。籐の輪を外すと、すぱっと材を割った割れ目が、そのまま噛み合わせになっている。一方の内側をノミで彫り込んで、細身の箸がぴたっと収まっている。

柏木圭さんの工房は北アルプスの麓にある。冬は、暖房と風呂に薪が欠かせない。薪割りをしていて、薪が割れたその瞬間、柏木さんはこれを箸箱にしようと思いついた。生まれからして自然体だ。材は栗である。スパンと小気味よく割れる、そこに面白さを発見した感覚が素晴しい。

工房には、シェイビングホースという自作工具があった。馬の形をした原始的な工具で、鋸《のこぎり》が誕生するまで使われていたものだ。これに跨ると、材を体で支えながら銑《せん》というクラシックな刃物で箸箱を削《そ》いでいき、両手で持つ南京鉋《なんきんかんな》で外側を整えていく。シェイビングホースの仕掛けを語る柏木さんのうれしそうな顔といったらなかった。

この箸箱に出会って一〇年以上たつというのに、今、手にしても新鮮だ。自然な割れという プリミティブな意匠は美の源流をはらんでいる。収まる箸も繊細だ。

かつて地元の高校教師をしていた彼は、机の抽斗に常に入れていたという。二〇年近く使った箸箱は、つるつる。撫でてみるといい手触りだった。

会社へ弁当を持参する人だけでなく、デスクの抽斗にしのばせておくと、役に立つこと間違いなしだ。社会人になった若者にぜひ贈りたい。

「一人で食べていける食い扶持《ぶち》が見つかってよかったね。しっかり食べることも大切よ」。ひそかにこんな気持ちを込めているのだけれど、通じるだろうか。

2

励ましの贈りもの

19

赤いノートや辰砂の時計

リエノ製手製本仕上げの
アルファベットノート。
サイズや表紙の色、紙、花布、スピン、
見返しを選んでオーダー。
小2500円、大3426円。

「はなもっこ」こないろシリーズ辰砂色の時計。
大 23500 円、小 20400 円。
ベルトはリザード型押しで各 4800 円。

celebrating longevity

数え年六一歳に、元気に、のメッセージ。「赤」い贈りものに込める。

年祝いの中で最も伝統的なのは還暦だ。数え年六一歳は、文字通り、生まれた干支に還ること。本卦《ほんけ》帰りの大切な人生の節目。蘇りの齢といわれる。干支は、甲《きのえ》、乙《きのと》、丙《ひのえ》、丁《ひのと》、戊《つちのえ》、己《つちのと》、庚《かのえ》、辛《かのと》、壬《みずのえ》、癸《みずのと》の十干に十二支の子、丑、寅、卯、辰、巳、午、未、申、酉、戌、亥を組み合わせて六〇組みとしたものである。

昔は赤いちゃんちゃんこや帽子を贈る習俗が全国にあった。再び生まれ干支に還ることとは、赤ちゃんになることを意味したし、厄を祓うことを意味する「赤」に祈りを重ねたからだ。

世界一の長寿国、日本。数え年六一歳に、赤いちゃんちゃんこを贈るわけにはいかないが、元気に活躍する願いを託して「赤」にちなむ贈りものを考えてはどうだろう。

以前、還暦を迎えた先輩に赤い大椀を贈ったことがある。

「元気も一緒にもらっちゃった」と礼状が届いた。「麺を召し上がるのにどうぞ」とカードを添えたのだが、親子丼やカツ丼など、ワンプレートご飯ならぬワン丼ご飯やスープやシチューにも活躍。大椀を堪能して重宝していると聞いた。

朱塗りの漆スプーン、赤い手帳、赤いクラッチバッグ、赤いイアリング……。考えてみると、「赤」いプレゼントはいろいろ思いつく。私がいただいてうれしかったのは、赤い軸をしたペリカンの万年筆とタッサーシルクの赤いブラウス、そして赤い大粒の石のネックレスだ。ブラウスやネックレスは、好みと違えば切角の贈りものが台無しになる危険があるが、長い年月付き合ってきた友人ならではの選択だから文句なくうれしかった。ネックレスは、夫からのプレゼントだ。

赤といえば、忘れられない美しい色がある。辰砂《しんしゃ》の文字盤の時計だ。辰砂というのは、天然の鉱物。神聖なものとして古墳の装飾などに使われたという深みのある赤い色だ。

日本画に使う岩絵の具なのだが、不老長寿の薬としても用いられていたというだけあって、思わずぐいっと引き込まれるような引力を蓄えた色といえる。

和紙の上に膠《にかわ》で辰砂を何重にも塗っているそうで、奥行を感じさせる質感がある。情緒的な風趣を帯びて、まさに日本の色。時間を示す文字には金箔を使用しており、金沢という風土から誕生したものだ。「はなもっこ」という腕時計のシリーズの一つで、すべて職人たちが手作業で顔料を塗り、金箔を貼っている。

日本の美意識が結晶した「赤」い時計である。

男性には、思い切って、赤いノートはいかが？　手縫いで背かがりをするなど、一冊一冊手製で上製本仕上げにしたオリジナルノートだ。表紙だけではなく、見返し、花布《はなぎれ》、スピンなどが選択できる。同じ赤でも数種類の紙質の中から紙を選ぶことができるので、ノートに仕上がると、同じ赤でも全く表情が異なって面白い。表紙には名前やイニシャルを入れることができる。世界でたった一冊のノートというわけだ。

新しい時を刻んでいくスタートを記念して、日々のつれづれを記すのもいい。趣味の短歌や俳句のノートにしてもらってもいい。名前入りの赤いノートだったら、案外、男性もよろこんでくれるのではないだろうか。

20

漆の動物椀

むしろ年配者に
使ってほしい、
愛らしい絵がついた
漆椀。

角井圭子さんは、いつ会ってもさっぱりと明るい人柄が伝わってくる。どうやら「好きなものは好き、嫌いなものは嫌い」とはっきりしたところもあるように見受けられるが、作るものを見る限り、しごく自由な精神でものづくりをしている漆人ではないだろうか。以前、銀座和光でのグループ展を見て「やっぱり、この人は型におさまらず自由な発想のできる人だ」と確信したことがあった。子どもが描いた絵を模様にした漆絵の菓子鉢が出品されていたのである。

「えっ！」と思って、思わず引きつけられて手に取ってみた。

焼き物では子どもの絵を下絵にした皿などを見ることもあるが、漆で見たのは初めてのことだ。甥ごさんの絵をもらって下絵にしたという話だった。まだ絵とは言えないような絵で、○や▽△で人らしき形を表している。そのたどたどしさがかえって新鮮なのだった。あんまり愛らしいので欲しい虫がうずいて、求めて帰った。

長女一家が遊びに来たとき、駄菓子をのせて出したところ、えらく長女に評判がよかった。

「漆の菓子鉢って、なんだか気取ったものばかりなので使う気になれないの。だけど、これは可愛いなあ。こういう親近感あるものだったら漆がもっともっと身近に感じられ

角井圭子作動物文小椀（左）12000円、蕎麦ちょこ（中・右）各10000円、
角井正夫作の小盆は珍しい漆の木を使用、9000円。

るし、使ってみたくなるのにね」とのたまうのだ。

確かに、彼女の言うことには一理ある。漆の皿も椀も無地が多いし、たとえ漆絵があっても古典の伝統柄や大人っぽい絵付けが目につく。漆にはきちんとした立派な器というイメージがつきまとうのかもしれない。もっとざんぐりと楽しい感じのものがあれば、気さくに手にすることができると思う。

この子ども用の小椀に描いてあるのは、甥ごさんではなくて角井さん自身の絵だ。鳥たちが遊んでいる蕎麦ちょこ、キリンのような馬のような、豚（？）のような動物たちがいる小椀。動物たちは、幾何学風にアレンジされているが、子どもが描く線とは違う。しかし、おもねるところがなくてスキッとした筆運びが気持ちよい。角井さんの人柄を髣髴させる絵だ。

もちろん、幼児にはもってこいである。けれど椀を見ていたら、むしろ、これはお年寄りへ差し上げたいな、と思いついた。いわゆるキャラクターものとは違うから、大人が使っても十分楽しめるはずだ。小食になった年配者がこんな椀で、毎日おつゆを飲んだら楽しいだろう。

母も姑も、食器棚に並ぶのは、何十年と使い込んできた器。はた目から見ると、どの器も少々草臥れているけれど、本人たちにとっては、昨日の続きの今日である。さして気にならないらしい。そんな食卓へ、こんな愛らしい一組が闖入したら……。途端に気分も明るくなって、食事が楽しくなるのではないか。

この動物椀シリーズは、小さな汁椀と蕎麦ちょこだ。蕎麦ちょこのほうは飯碗にもちょうどいい。煮物、和え物などのおかず椀としてもぴったりだ。

齢を重ねると、たとえ気に入ったものでも重い陶器は敬遠したくなる。重い器を出したり洗ったりするのは、エネルギーのいること。億劫になってくるのだ。人にもよると思うが、現代的な尖った形や絵付けのものも歓迎されないむきもある。

その点、漆のものは安心して贈ることができる。軽いうえにボディは木なのだもの。手触りが優しい。年配者には、最も向く器といえる。年寄りが使うことを考慮した日常の漆器のバリエーションがあってもよさそうなものだ。

おそらく無地の椀は、長年使ってきたものがあるだろうから、新しく贈るなら模様入り。こんな動物模様を選んで、元気なスパイスも一緒に贈りたいと思う。

21

小ぶりの飯茶碗

娘が、連休に有田の陶器市へ行くという。さすがに私は有田の陶器市までは足を運んだことはない。「そうだ、小さな飯碗を探してきて」。窯元資料をコピーして揃えてやった代わりに、一つだけ頼みごとをした。

実は、父親が長いこと糖尿病と闘った家系なので、しっかりとDNAをもらってしまった。昨年の検診で、境界型糖尿病の数値が出て仰天して病院へ飛んでいった。先生に、「まだ大丈夫。とにかく痩せましょう。体重を減らすことが第一。それができれば、薬は飲まなくて済むわよ」と、食事療法の本を渡された。

なんと白米は一食に一〇〇グラムしか食べられない。茶碗にごくごく軽く盛らなくてはならない。父の故郷は新潟で米どころ。昔なじみのお米屋さんからはざ掛け米を送ってもらい、米だけは贅沢をしている。炊き上がった新米は、藁のような野のような香り。堪らない。なのに、飯碗にちょびっとだけとは……。寂しくて仕方ない。

ある日、「そうだ。飯碗を小さくすればいいんだ」と気が

食が細くなった人に、
ダイエット中の人にも
重宝なサイズ。

つれづれ工房（辻井功・陽子）作
染付飯碗。
四方を丸く収める丸紋（大）4000円、
無病息災の瓢箪柄6000円、
波にウサギ5500円。見込みにも、
丸紋や瓢箪が描かれる。

青山徳弘(青山窯)作
「内外錆ゴス木賊文小碗」は、
口辺がやや反っていて
口径10センチという可愛らしさ。
各5600円。

ついた。見た目には十分あるように見える。要は、気持ちの問題だ。

早速、近くの陶器店に行ってみたが、お子様用のキャラクターものばかり。大人が使える小さな飯碗はないものか、とずっと思い続けてきたのであった。

私の母親も、九〇を過ぎてからご飯を残すようになった。二口三口で「もう十分いただいた」と言うのである。「そうだ、英《ひで》ちゃん（と呼んでいる）用にもう一つ。私のよりさらに小さめがいいな」と頼んだ。

駆けずり回ったらしいが、品のいい飯碗を見つけてきてくれた。さらっとした染付だ。古典柄をモティーフにしているが、丹念に描かれた絵が心なごむ。磁器の白い肌を生かして楚々としている飯碗だ。やや肉厚でこっぽりとした丸さが愛らしい。

「有田の人ではないらしいよ。大阪でグラフィックデザイナーをやっていたけど、焼き物をやりたくて有田へ移り住んで、ご夫婦で作っているんだって。轆轤《ろくろ》は旦那さんで、絵は奥さんという話だった」。娘が、こんな情報まで仕入れてきた。

興味をもって電話をしてみると、辻井功さんは轆轤も挽くが絵も描く。ただし、奥さんの陽子さんと画風は異なる由。この飯碗は、陽子さんの絵付けだそうだ。

お客さんに言われて小ぶり用を作りはじめたとのことだったが、

「丸紋には、四方を丸く収める意味が込められていますし、瓢箪は六つ描いてありますから、無病息災。語呂合わせになっていますから、ご年配にはおすすめです」

無病息災の飯碗か、いいなあ。九七歳の母には、ぜひこれでもう一口二口余計に食べてもらわねば。

数日後、九段の「暮らしのうつわ 花田」に立ち寄ると、これまた小ぶりの飯碗が目に飛び込んできた。ずっと探していると、自然に寄ってくるときがあるものなのだ。これもまた、お客さんの注文がきっかけで誕生したものだという。

飯碗というものは、昔ながらの決まったサイズがあるけれど、ダイエットや年齢、体の諸事情もあって、小ぶり碗がほしい人は結構いるのだ。贈りものにしたら、きっと喜ばれることだろう。

有田の飯碗は正真正銘の磁器だが、こちらの素地《きじ》は陶土ともいえず、指先で叩いても磁器のような金属音はしないから有田の硬質磁土とも異なる。美濃の高田粘土とよばれるものを使っているという。鉄分を含んでいるので、ややくすんだ乳白色の地肌をしている。美濃の多治見で草の頭窯を主宰する青山禮三さんの四男、青山徳弘《のりひろ》さんの青山窯の作だ。

すっすーっと達者な線模様は、麦藁手とも木賊《とくさもん》文ともよばれる模様で、内側にも外側にも淀みのない線が走る。青山徳弘さんは、線描の巧手なのだ。線だけの模様は、太さや線のおき方や色でまったく印象が違ってくる。時代を超えた洒落模様である。

白さが際立つ有田の染付は夏茶碗に、こちらは秋の気配が漂う頃から使いたい。これで新米を食べたら、さぞおいしいことだろう。ほんの少しの量でも満足できる飯碗だと思う。

22 ヒヤシンスポット

さこうゆうこ作。吹きガラス水栽培用のヒヤシンスポット。各3800円。

球根から花が咲く。育つ楽しみの贈りもの。

長女から電話がかかってきた。「ヒヤシンスポット、貸してほしいのだけれど」と言う。球根を入手したが、売っているのはプラスチックのポットばかり。彼女が小学生の頃、使用していた薄紫色のガラスポットを借りたいというのだ。しかし、今年はもう、新しい球根を入れてしまった。「おあいにくさま」と断った。

午後から、ギャラリーへ出かけた。翌日会う年配の知人への贈りものを探しに出かけたのだったが、なんということだろう。ギャラリーの窓辺で、目が釘づけになった。

さんさんとした秋の日差しを浴びて、透明ガラスのポットが一〇も二〇も輝いている。どのポットにも、小さな芽が背伸びするように顔を出している。これらは、紛れもなく今朝、噂にのぼったヒヤシンスポットではないか。こんな偶然ってあるのだろうか。神様が今朝の電話の一部始終を聞いていたのかしら。

窓辺にずらずらっと並んだポットは、ずんぐりがあれば、ひょろっと長いのもあり、スリムな容姿端麗風も。さこうゆうこさんが吹きガラスで作ったものだ。

ずっと水栽培が好きだったさこうさんが、吹きガラスを学んで初めて作ってみたものが水栽培用のポットだという。水栽培は、ヒヤシンスだけではない。水仙もムスカリも可能。さこうさんは、口径を変えるなどしてそれぞれの球根にふさわしいポットを作っている。

日差しの中でまぶしそうに水が揺らいでいるポットを見ているうちに、「これだ！」

と決まった。

差し上げるのは多忙な方だ。水栽培だったら、生花のように毎日水を入れ替える必要もないし肥料をやる必要もない。窓辺において、減った水を時々足してやればいい。それに、芽が出てきたなら、日々生長していく様子が、手に取るようにわかる。どうして、こんなに楽しいものを思いつかなかったのだろう。

さこうさんのポットは、吹きガラスならではの可憐さもあるから、花が終わったら切り花の花瓶に使ってもいい。夏には麦茶のポットにしてもいい。手渡したときの知人の表情を思い浮かべて、気分はわくわく。しかし、水を入れたままでは持ち歩けないし、贈りものにするのは、やっぱり無理かしら……。ためらっていたら、

「二、三日だったら球根は、水に浸けておかなくても大丈夫です」とさこうさん。

水を含んだ綿で球根を包んでくれて、ポットはギャラリーでお洒落なラッピングにしてくれた。

春先になった頃、思いがけず写真が届いた。プレゼントした方からだった。「こんなに可愛く咲きましたよ」とカードにあった。

細身のポットには、真っ白な水仙が背伸びするようにして咲いていた。水だけで、こんなに大きな花をつけたのね、と私も感激を味わえた。

写真／さこうゆうこ

23

文香

安齋君予作文香。
折々の季節にちなんで安齋さんが、
組み合わせを考えてくれる。
1包に7種入って2500円。

外国の方に、
お年賀に、
時にはお悔やみに、
優雅な型染めと香りを。

指を広げた掌のサイズほどの和紙のたとう紙から、えもいわれぬ香りがこぼれ出て辺りに広がっていく。たとうの端はピンクに染められ、「はなの香思ひのま丶に」と流麗な筆跡が摺られている。なにやら風雅な香りと趣きに誘われて、胸が躍る思いがする。

そっとたとうを広げてみると、色とりどりの和紙の型染めがある。桜、八重桜、蝶、つばめ、雪輪、裏桜……。なんとあでやかなことか。はんなりした優しさに目を奪われていると、文香《ふみこう》はさらに周囲へ香りを運び、漂わせはじめる。彩りの優美な意匠と奥床しい香りとが混然一体とふくらみ、想像力をかきたてて日本の四季の情景へと心を誘う。香りが五感を揺さぶるのだ。

文香を創作した安齋《あんざい》君子《きみよ》さんは、浴衣などのきものを染める江戸や明治期の古典型紙の彫りに、長年携わってきた人だ。

「一つひとつの型があまりにも美しいでしょう。昔のデザイン力には感嘆するの。なんとか多くの人にこの美しさを知ってもらいたくて、ある日、文香にしようと思いついたのね」

現代の住空間で使える日傘や暖簾、座布団などを染めたりしていたそうだが、もっと身近に届けたいという思いが、小さな文香に結集した。

一枚の文香は、わずか四センチ前後。大きなきもの柄から型を縮小したり、脇役の蝶や鳥などを一つのモティーフに格上げしたり、さまざまな工夫があったようだ。和紙に型紙をおき、さし刷毛で色をさし二枚目の型紙を置いて暈《ぼか》しを入れる。さらに違う型紙を置いて線をさす。一つの絵柄には何枚もの型紙を必要とする。色をさし終えたら、型に合わせて切って、そっと香《こう》をのせて張り合わせるのだ。

小さな絵は、ゆるぎなく気品に満ちて垢抜けている。江戸のデザイン力の素晴らしさに脱帽だ。

「はなの香」には、赤とんぼや夕焼けにすすき、蔦もみじ、杵うさぎ、稲穂に雀など絵柄は枚挙に暇がないほど豊富。春夏秋冬、各時期のセットや初春用にはめでた尽くしなど、希望の季節によって文香を組み合わせてもらえる。

また、蓮《はす》の花びらを象った散華《さんげ》も安齋さんは作っている。散華とは、仏に供養するため蓮華の花弁をまき散らすこと。友人の身内が亡くなったことを後から知ることも多い。そんなときには、散華の包みを贈ることにしている。悲しみにくれている友人の気持ちを、型染めの美と香りで少しでも慰めたいと思うからである。散華には、ひっそりした美しさが漂っている。

平安時代から、文には香をたきしめていた。「文香」は手紙だけでなく、きものの袖やバッグ、名刺入れにも。チェストや机の抽斗の中にもいい。

海外へ行くときには、スーツケースにしのばせていく。お土産に、「日本では、昔手紙と一緒に香りも送りました」と差し上げると、驚かれて感激される。

香り好きな外国人だが、香水とは違う日本的な香りにより魅了されるのだろう。

24

江戸っ子の粋、手ぬぐい

右ページ／「心太(ところてん)突き」。
上／「金魚売り」、左／「大川舟遊び」。
江戸情緒を染め抜いた気っぷのいい
手ぬぐい。各1600円。

型紙の彫りの鋭さと図案の奇抜さ――外国土産にどうぞ。

ところてん突きという道具は、ご存じだろうか？

木でできた道具で、ところてんの塊を入れて押すと、長く細い切れ目が入ったところてんが、ずっずーっと出てくる。手ぬぐいの一面に、そのところてんが染め抜かれている。にゅるりにゅるりとした感触が、手ぬぐいの端から端へと流れているのだ。型彫りによる潔い線がところてんの透明な質感までも連想させる。いかにも「江戸っ子だ、旨いところてん食っていかねえかい」と語っている。

あるいは、かつての江戸の風物詩、金魚売りの桶。赤い出目金が、尾びれをひらひらさせて泳ぎ、隣の桶には、蛙やめだかも泳いでいる。桶には、ビイドロのフラスコが下がる様子まで描かれている。

干支のシリーズもあって、午年《うま》の手ぬぐいのタイトルは「馬尻東風」。馬耳東風にひっかけているのは、想像のごとし。手ぬぐいに描かれるのは、馬のお尻なのだ。走ればさぞ速かろうと想像させるでっかさ。堂々とどこ吹く風の尻だ。

「そよそよと心地よく吹く東風も、馬は尻で受け流し、何処吹く風よ、そこのけそこのけ、お馬がとおる」。巻紙には、こう言葉書きがある。今にも馬のひずめの音まで聞こえてくるようだ。リズミカルで大胆な図案だ。

小倉充子さんは、東京・神田神保町の生まれ。三代続く下駄屋の娘、言わずと知れた下町っ娘なのである。すかっときっぱり。このうえなく明快で生きがいい図案には、小倉さんの持って生まれた江戸っ子気質が貫かれている、と確信したんざ、そりゃちと早合点。師である江戸更紗の職人との出会いこそが、きっかけ。小倉さんの眠っていた気質を目醒めさせてくれたという。

江戸型紙の美しさに気づかされただけでなく、町人文化にも導かれて江戸の心意気を知った。小倉さんは、歌舞伎や落語にぞっこんとなって、今でも時間が許せば、通いつめる日々だ。工房には『名人寄席』『円生』『志ん朝』はじめ、江戸芸能のテープやCDが山のように積んであるのだ。

面白いと思うのは、単に江戸の町人文化を写すのではなく、小倉さん独自の目線があることで、風物を大胆におおらかに切り取っている、絵師としての図柄だ。手ぬぐいという細長い面積を生かして、ばっさりと配置したユニークな構図が特徴だが、「金魚売り」では、桶の箍《たが》などの道具立てにも目配せが利いて、夏の光景に弾みをつける。妖怪好きだそうで、よく見ると手ぬぐいのいずこにか妖怪が鎮座していたりもする。

型紙のきっぱりした刃の勢い。妙味ある彫りによって描かれる生き生きした世界、江戸っ子らしさをぐいっと息づかせている洒落やおかしみと粋さは、木綿という素材にはぴったりだ。

伝統柄の豆絞りも日本の技を伝えて可愛らしくて大好きな手ぬぐいだが、外国土産に持参するのなら、断然、小倉充子の江戸シリーズがおすすめである。

寄席好きや江戸文化に首ったけの人にも、ぜひ届けたい。こんな手ぬぐいを見たら、なんて言葉を発するのか聞いてみたい。

25

紅漆の花びら皿

奥井美奈作紅漆花びら皿。1枚9000円。
九重本舗玉澤製「霜ばしら」も、手製による菓子。
10月~4月期間限定。1缶1500円。

奥井美奈さんの漆の皿に
季節の菓子、
和紙でくるんで
海外へ行く方に。

奥井美奈さんの初個展に行ったとき、愛らしい豆皿に目がとまった。

牡丹だろうか、桜だろうか、ふっくらとした花びらの形をしている。豆皿といっても、ちょうど掌ほどの大きさ。小さな干菓子にほどよい大きさだ。

ただの丸い小皿ではなく、花びらの形をしているところが、遊び心があって素敵だ。まるで本当の花びらが散り落ちたかのように、ふわりと軽やかな趣きが漂う。ボディは、木を削ったものではなく和紙や布で形を作る乾漆《かんしつ》という漆の技法で、比較的自由な形を作ることができる。奥井さんは布を使っているそうで、花びらの縁が微妙なまろやかさを持つ形なのも、乾漆という技法だからこそ。

余談だが、かの有名な美少年、奈良・興福寺の阿修羅像も乾漆の造り。ボディは一五キロという軽さで、それゆえ火災の度に運び出すことができて、美少年は今に在るのだという。乾漆は、軽やかで形が自由になる点が大きな魅力なのだ。

可憐な雰囲気が気に入って手にしていたら、来月、海外へ赴任する友人の顔がふと浮かんだ。そうだ、これに日持ちのする日本のお菓子を添えてお餞別にしよう。漆のことは英語でJAPANというくらい、日本の美しきものを代表する工芸だもの。

お菓子は、なににしよう。宮城県九重本舗玉澤の「霜ばしら」という菓子を友人からいただいて以来、時々取り寄せている。まるで、土から顔を持ち上げた真っ白な霜柱をそっと切り取ってきたような菓子で、口の中に含むとさらっと消えていく。姿も

風味も霜のごとし。簡素な砂糖菓子だが、繊細な美意識に感じ入っている。この漆皿にのせたらぴったり映えるのではないだろうか。

包装は、やはり手漉きの和紙を使って包まなきゃ。

麗しい漆で表した、花びらさえ愛おしむ私たち日本人の感性、そして細やかな季節感を形にした菓子、風合いのある手漉きの和紙と。日本の美しいものばかり三点を詰め合わせて贈る。

「われながら、グッドアイディアではないか」

花びら皿を前に悦に入ってしまった。丁寧に作られた美しい手仕事というものは、贈りもののインスピレーションを与えてくれる力をも秘めている。

ところで、霜ばしらは、冬期限定。一〇月から四月頃までの限定生産だ。

海外へ行くのが夏だったら「薄氷」という富山のお菓子がいいかもしれない。

薄氷は、北陸の冬、うっすらと田んぼに張る氷をイメージして生まれた干菓子。母が富山出身なので、私には昔なじみの菓子だ。薄氷も日本の冬の菓子だとばかり思ってきたが、最近いただいた薄氷は、水の上に飛ぶ蛍だった。氷がゆるんだ川に飛び交う、神秘的な蛍の点滅を見るようなお菓子だ。

こちらは、五月から七月中旬の限定。花びら皿には、やや大きすぎるように思われるが、二枚に割ってのせればといいと思う。初夏の冷涼な空気が伝わる菓子なので紹介したくなった。

get well wish

26

お雛さま

奈良の古い一刀彫りの雛。

入院中に
もらった
小さな贈りものに
励まされて。

忘れられない贈りもの話がある。

仕事一途で倒れた編集者の友人がいる。三度のご飯より仕事。めちゃめちゃな食生活で、忙しいときにはカップラーメンですませるというほどだったらしい。とうとう救急車で運ばれる騒ぎになった。生まれて初めての入院。生まれて初めての手持ち無沙汰。不安でいっぱいだった彼女に、小さな一組みのお雛さまを持って見舞ってくれた人がいる。

彼女にとって、雛祭りなぞとうの昔に忘れ去った行事だったが、鎮座している愛らしいお雛さまを見ながら、慰められ、心から励まされたという。

ベッドで寝ることが大半の生活には、季節を感じさせるものはなによりうれしい。お雛さまとは、なんて素敵な贈りものなのだろう。話を聞いて、感心したことだった。

27

手織りの化粧ポーチ

優佳良織工芸館製手織りポーチ。
シルクロードの洞窟の壁画から古代への夢を紡ぐ「壁画」（右）、
ナナカマドの紅葉で彩られる「大雪の秋」（左）各5500円。

入院中の女性に、おしゃれ心を贈る。

親友が亡くなって、はや八年がたつ。ご主人と同じ膵臓癌《すいぞう》になった。それもご主人の一周忌の命日に、本人の癌がわかった。なんとも悲惨だった。ご主人の看護に心を砕いていた同時期、自分の体も同じ病気に蝕まれていたのだ。それを思うと言葉もない。

親しい友達や困っている人には献身的なまでに尽くしたり、気遣いをする人なのに、自分や身内のことでは、人から面倒を見られるのをよしとしない。「借りができるのが辛いのよ」と口癖のように言っていたので、私は大げさなことは一切しないことに決めた。

庭に咲いているムスカリとかクリスマスローズとかを、短く切って一輪だけ持って行くことにした。病院のベッドサイドには、ご主人の小さな遺影を置いていたし、もともと大の花好きなので、それにはとても喜んでくれた。

ある日、行くと浮かない顔をしていた。

「体にいいから、毎日ミニグラスに一杯飲むように」と知人が特別な飲み物をくれたのだと言う。どこかから取り寄せた高価なもののようで、負担に感じている様子だった。なによりも「体にいいから」というひと言が、辛かったらしい。「これ、見たくないの。あなた、持って帰ってくださらないかしら」とまで言う。病いで苦しんでいる人には、言葉一つでも心を配らなくては、と思ったことだった。

ある時には、私が髪をカットしたのに気づいて、しごく羨ましがった。

「髪が伸びっぱなしで、手入れ一つできない」と嘆く。その場で思いついて、通っていた美容院に電話してみた。私も彼女も同じ美容師さんだったので、仕事帰りに病院へ寄って、彼女のカットをしてもらえないかと頼んだのだ。すぐ、来るという。

看護師室へ行って了解をとり、彼女の上半身を起こしてベッドに背中をもたせかけるよう工夫してカットしてもらった。なにしろ体を動かせないので「後ろまでうまく切れなかった」という話だったが、こざっぱり整えてもらうことができた。

「夢にも思わなかった」。手鏡をのぞいてうれしそうに笑う顔を見ながら、そういえば、日頃から肌の手入れに気をつけている人だった、と思い出した。

数日後、小さな瓶にクリームを詰め、サンプルの化粧水や乳液、ブラシを詰めて、小さなポーチを持参した。こちらがたじろぐほどの喜びようだった。

「これ、ほしくて仕方なかったの。でもうちの息子どもに言ってもわからないし……がまんしていたの」

「早く言ってくれればいいのに」

夜遅く勤め帰りに病院へ足を運んでくれる息子たちには、甘えられなかったのだ。

化粧品はサンプルだったが、ポーチは優佳良織《ゆうから》を選んだ。北海道、旭川の織物で、故木内綾さんが創案したもの。秋の摩周湖や大雪山、クロユリ、流氷、サンゴソウなど、北海道の景色や花などを木内さんがデザインした彩り豊かな手織りの織物だ。羊毛を使っているのが特徴で、いかにも北の国の織物らしい風合い。温かい手触りが、彼女の気持ちになじむのではないかと思ったのだった。

「このポーチ、大好き。もらっちゃうよ」。ポーチに頬ずりしながら、彼女はそう言っていた。

28

平べったいスプーン

病人、お年寄り、子ども。
お口をあーんと
するときの小道具。

母が思わぬことから骨折して入院するはめになった。転ばないようにと、あんなに注意していたにもかかわらず、骨折してしまった。手術までの一週間、必死に痛みに耐えて、ほとんど食事が喉を通らなかった。

百に近い高齢なだけに可哀想で仕方なかったが、どうすることもできない。先生の指示で点滴が始まり、四日目に、ほんのわずかだが粥を口にした。けれど、自分の手で食べようとはしないし、病院のスプーンではどうもうまくいかない。荷物に入れてきた平たいスプーンで口に運んであげると、意外に食べてくれた。

体の活力が衰えると舌の機能も衰弱するのだろうか。窪みが深いと、匙の中に食べものが残ってしまう。ところが平たいと、喉へすーっと食べものが運ばれるのである。

平べったいことが機能に通じることを実感した。

翌日には、「自分で食べますよ」と、匙をゆっくり運びながら平らげた。

食べ終わると、「ウシマケタ、ウシマケタってなんのこと。ウマカッタのよ、今日のご飯」。歌うように言ったので、吹き出してしまった。

泉泰代作平たいスプーン。雪の結晶や、瓢箪、こうもりなどがさりげなく描かれる。
蒔絵付12000円（無地10000円）。デザートスプーン蒔絵付10000円（無地8000円）。

もともとお茶目な母なのだが、こんなことを言い出したのは、ようやく常の精神状態に戻ったという証しでもある。

スプーンは、泉《いずみ》泰《やす》代《よ》さんが作ったもので、試してほしいと渡されていたものだ。柄が通常より長い。食べさせてみると、これくらいの長さが便利だとうなずけた。軽くて手触りもよい。ましてや金属やプラスチックでは敵わない口触り。「ウマカッタのよ」と言ったのは、漆製の食べやすいスプーンのお蔭も大きかったはずだ。

29

ラオス・レンテン族の豆敷

ラオスには一度だけ、旅をしたことがある。もう一〇年近く前になろうか。

中国、ヴェトナム、カンボジア、タイ、ミャンマーに囲まれ、起伏に富んだ国土には、五〇以上ともいわれる多民族が住む。周辺からラオスに渡り住んだ民族は、それぞれ独自の文化を守り育んできた。独自の手仕事、独自の衣裳を守って暮らしてきた。絣、綴れ、浮き織、縫い取り織、最も手の込んだタームック、そして刺繍など。

ルアンパバーンから少し入った街の通りで、兄妹が手仕事のものを前に並べて売っている光景に出会った。兄は、日本でいえば小学校高学年、妹は一年生になるかならずか。クロスステッチを刺した腕輪守りのようなものが並んでいた。

「誰が作ったのか」と同行のラオス籍の知人に聞いてもらうと、その女の子だという。女の子たちは、三歳から針仕事を仕込まれるというのだ。その可愛らしいお守りは、今も私の抽斗にあるが、とても幼児の手になる針仕事とは思えない。

ラオスの布といえば、刺繍と織物が代表的なものかと思っていたが、そうではなかった。レンテン族の藍染め布というものがある。

ルアンナムター県に住むレンテン族は、モン族やヤオ族と同じように一九世紀に中国から南下した民族で、綿花を栽培し、糸を紡ぎ、布に織り、藍を建てて染め、縫う。

自分たちが織った綿布を、藍染めして着ているのだという。〝レンテン〟には、藍を着て、綿を育てる人という意味があるそうで、彼らは春が来ると綿と藍草の種を蒔く。刈り取った藍葉は、ドラム缶の中で水に浸して自然発酵させて泥藍を作る。

谷由起子さんは、この村に住み、ＨＰＥ（Handicraft Promotion Enterprise）というラオスの手仕事を発信する組織を立ち上げた女性だ。彼らの染める藍染めの布は、驚くほどの堅牢度があり、素っ気ないほどの簡素さですがすがしい。藍布の風呂敷や小物入れを紹介してきたが、数年前から村人たちが作っているのが豆敷である。

彼らの暮らしにはないものだが、谷さんが考案。今では村をあげて、豆敷作りに励んでいるという。

「よくまあ！」と感心するほど細かく縫い目を拾った几帳面で美しい幾何学模様から子どもの殴り書きのような動物の絵まで。動物かしら、いや山かなあ、あれれ、ひょっとして人なの？　などと首をかしげてしまうラフな図案もまた、味があって面白い。大きさもとりどり。自由奔放さに、つい引き込まれてしまう。これは、しょげている人に、ぜひあげたいと思ったのだ。

お茶を飲む折々、コースターに用いたら、落ち込んだ気持ちも何処かへふっとんでしまうのではと思う。

病院のお見舞いにもいいかと思う。絵の一つも掛かってない病院が多いから、壁やベッドの柵に二つ三つぶらさげてはどうだろう。思いもよらぬ楽しい縫いに出会うこともある。その一枚を差し上げるだけでもおおいに慰めになるはずだ。

プリミティブアート
みたいな刺繍の柄。
一枚でも
絵になる贈りもの。

谷由起子さんがプロデュース、
ラオス・レンテン族の民が刺した豆敷。
1枚1000円。

3

こだわりやさんへ

30

携帯にすぐれた漆のコップ

旅好きの人へ

海外へ旅をする際に、私が必ず持参するものが、漆のコップだ。

お茶を飲んでもいいし、地ワインを買ったときには、ワイングラス代わりにホテルで一杯。トランクにしのばせておけば、軽いのがなによりで重宝このうえない。

以前は、古い蕎麦ちょこをトランクの片隅に突っ込んでいたのだが、ある時、トランクを開けると割れていた。タオルでくるんでおいたのに……。がっくりして、以来、割れないことが肝心と、漆に替えた。

ずいぶん前からの習慣で、二〇年ほど前にシリア、ヨルダンへ旅した際は、大活躍。砂漠で飲むお茶は格別で、コップがツアーの同行者たちの間をめぐり歩いた。友人とミラノのプチホテルへ泊まったときにも、キッチンでお湯をもらい、ティーバッグの番茶を淹れてすすめた。友人に、「これは『旅の友』だ。いいアイディア」と褒められた。

「でもちょうどいい大きさのものって、なかなかないのよね」とも。

国産漆の産地、浄法寺《じょうぼうじ》の滴生舎《てきせいしゃ》作「ねそり」は、重ねることを目的に作られたフリーカップ。器としてもコップとしても使える万能選手だ。重ねてくるくると包んでトランクへ。仲良し二人旅にどうだろう。

伏見眞樹さんの椿コップは、わが愛用の品。掌に包みこんでしまうような小ささが

滴生舎作「ねそり」(小)は口径75ミリ、1個7500円(中)。
伏見眞樹作椿コップ(左)10000円、蕎麦ちょこ黒(右)6000円。

いとおしい。椿の花の姿をイメージしたコップなのだろう。優しくて薄い形が気に入っている。菊コップというのもあって、これは細い花びらが胴に咲いている。
蕎麦ちょこは夫用に求めたものだ。こちらは陰翳のある横筋が印象的。この中に、椿コップがすっぽりおさまるので、間に小さな布巾を挟んで動かないようにしてトランクへ。旅から帰れば、再び日々の器として活躍する。

31

蕎麦のためのざる

蕎麦打ち名人へ

家で蕎麦を茹でるときには、しばしば容れものに迷うことが多い。うどんや素麺だったら、漆の大鉢や陶磁器、ガラスの鉢で、すんなり「決まり!」なのだが。冷たい蕎麦は、そうはいかない。

なんといっても盆ざるが、水切れのよさからもってこいなのだ。竹を編んであることで水が膜を張らずに下に落ちるからだが、どっこい、近頃ではなかなか手に入らない。私は、梅干しを干す大きな盆ざるを使ったりするが、水受けの大皿も問題だし、少人数では、蕎麦はほんのちょっと。盆ざるばかり目立ってみっともない。

そんな悩みを解消してくれたざるが、久保一幸《くぼかずゆき》さんの波ゴザ目編み盛籠だ。

東京・立川で仕事をする久保さんだが、別府の白竹を使って籠を編む。この籠は、伝統工芸の波模様をクラフトに取り入れてアレンジした独創的な編み目で、波が来たように盛り上がったところと引いた部分がある。要するに平坦な底というわけではなく、立体感が波浪を連想させている。久保さんは、ゴッホの「麦畑の上を飛ぶ鳥」の絵が好きで、荒れ狂う風にうねり波打つ麦の穂を波ゴザ目のモティーフとしたそうだ。すがすがしい容れものには、作り手のドラマが込められている。

「蕎麦だけではもったいない詩的な美しさだ」と久保さんに電話で言ったら、

久保一幸作白竹波ゴザ目編み盛籠9800円、下に水が漏れない工夫の蕎麦ざる7寸7000円。

「あれは蕎麦用というわけではないので、水が切れる蕎麦ざるも作りましたよ」と。

蕎麦ざるは、ヒシギ竹という特殊なヒゴの加工法を用いて、水が滴り落ちない工夫がされている。ざるの下に皿を重ねなくともいい優れものだ。

これもきれいな編み目だから、打った蕎麦よりざるのほうがよいということになりかねない。蕎麦打ちに贈るなら、名人級の腕前に差し上げるほうがいい。

32

ファニーナイフとフォーク

道具好きへ

「踊るカトラリー」とでも呼びたいような形をしている。くねくねと体をひねるように曲がる形は、オブジェのようだ。横から見たときも裏返して見たときも均一なボディはしていない。彫刻のような美しいフォルムで、音楽的でさえある。けれど、そこにはアートという印象はない。作為的なものが感じられず、木が自発的に好んでこの形になった、そう言いたいような自然さを感じる。

作者は、鹿児島市にある知的障害者の支援福祉施設、しょうぶ学園の園生たち。福森伸さんが創立した「工房しょうぶ」の園生のものづくりの一つだ。木工、陶芸、染め、織り、刺繍、和紙などで、わけても「ヌイ・プロジェクト」は大きな反響をよんだ。心の赴くまま針一本を手に白いシャツに刺した糸は、絡み、もつれ、跳ね返りながら奔放な色彩のエネルギーへと変化する。ときには、一枚のシャツに一年間針を運び続ける人もいる。ひたすら縫いたいというシンプルな衝動と向き合った結果なのだ。

ファニーナイフやフォークに流れているのも同じ精神だ。木が好きな園生が、削りたいように一心に削り続けた結果で、いつも手に入るとは限らない。

幼稚園児だった娘の次女が遊びに来たときのこと。アイスクリームを食べたいと言って、抽斗から取り出したのは、このスプーンだった。

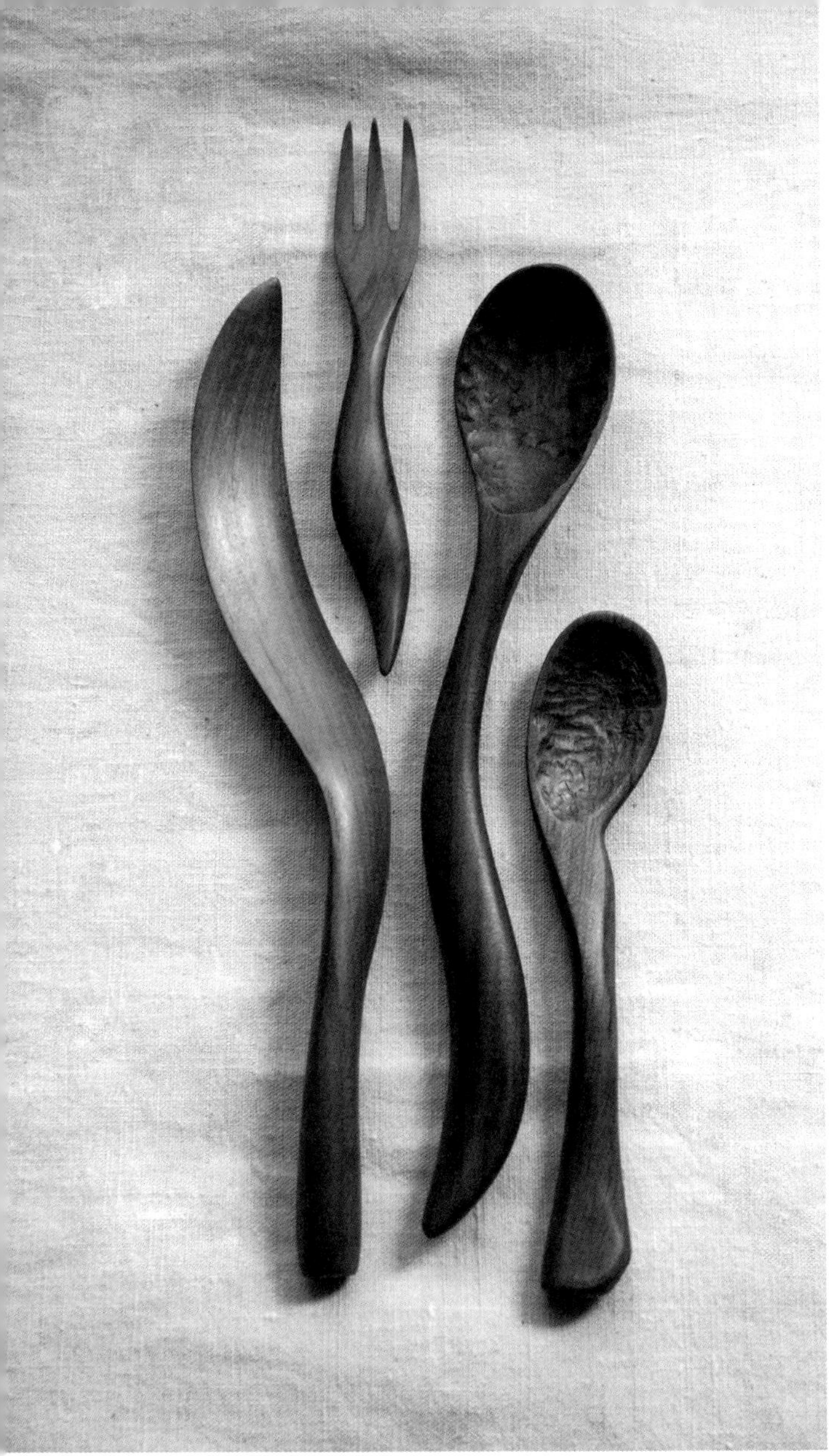

しょうぶ学園の園生たちが
作ったファニーシリーズの
スプーンとフォーク、各1852円。
ナイフは、現在生産中止。

「それ、食べにくいんじゃない？　くねくね曲がっているから」と言うと、

「えっ、ぜーんぜん。握ると手にぴったたし、持ちやすいよ」と彼女は言ったのだ。

私も握ってみた。すると、人差し指と親指にくねくねがぴったり合わせたように収まるではないか。スプーンやフォークの柄とは真っすぐなものという思い込みが、私にはあった。けしてそうではなかったことに直面して、私はうろたえてしまった。

33

猫のしおり

愛猫家へ

小学生の頃、大きな竹藪の前に住んでいた。学校の帰り道、昼間でも薄暗い傍らの道を通って猫に追いかけられた経験がある。その時の恐怖は鮮明だ。今にして思えば、猫はただ駆けてきて追い抜いていきたかっただけなのだと思うが、背丈もなくやせっぽっちだった私は、うっそうとした竹藪の脇道だけでもどきどきするほど怖い。それなのに、ぎろりと光るでっかい目、俊敏な足。もう驚いてしまい、襲われまいとして走ったこともない速さで家に戻った。以来、猫を抱くことはできない。

それなのに、猫は写真で見ると微笑ましい愛嬌のいいやつが多いなあと思う。写真で見るぶんには問題ないので、猫の写真や絵には興味があるのだ。

「一乗寺に恵文社という面白い書店があるよ」と、京都住まいの友人が教えてくれて、電車を乗り継いで行ったことがある。そこで見つけたのがこのしおりだ。これはなんと愛らしいことか。苦手な猫であることも忘れて、ありったけを買ってしまった（といっても五枚くらいだが）。

輪っかへ飛びつく猫のしなやかな肢体。しかもセルロイドなので、一枚一枚、猫のぶち模様が違うのだ。ぶちが顔にあるのや、しっぽにあるのや、胴に模様があるのやら……。眼鏡の産地で知られる鯖江市で誕生したという。あちこち尋ね回って、よう

セルロイド製猫のしおりは、1枚1000円。柄を見て選びたい。

やく作り手に行き当たった。本職は眼鏡職人だった。なんともいえないほどしおり猫の動きは秀逸で、愛猫家でないと描けないはずだ。

「猫を飼っていますよね?」と電話で開口一番に言うと、

「いや、飼ってないんです。それより眼鏡のしおりも作っているので見てくださいよ」。

けれど、猫のしおりにまさる傑作はない。猫恐怖症の私だってこんなに気に入ったんだもの、猫好きは顔がゆるむはずだ。

34

川瀬敏郎さんの『一日一花』

花を愛する人へ

花の本は数々出ているものの、やはり、本物の花のほうが数倍美しい。書物では、花の美しさというのはなかなか表現しにくいものなのだ、と痛感してきた。

ところが、「花ってこんなに美しかったのか」「こんなに繊細な貌《かお》をしていたの」と圧倒されるような思いでページを繰った本がある。『一日一花』だ。これは、東北の大震災後、花人・川瀬敏郎さんが、毎日花をいけ続けた記録である。

とりわけ凝ったシチュエーションで撮影しているわけでもなく、とびきり大仰な器や道具を使っているわけでもない。格別、珍しい花材でもなく、山の中で出会うかもしれない花たちだ。ひたすら、同じ土壁の前、同じ板机にのせて、淡々と花がいけられている……のだけれど、どのページからも花の祈りの声が聞こえてくるのだ。

『一日一花』というタイトルのごとく、シンプルな花材をシンプルにいけてあるが、そこに介在しているのは花人の眼と心だ。瞬間瞬間を謳歌している花たちの姿を、端的なまでに花人は切り取っている。

たとえば、一月一二日の花は、幹が歪み枯れた紫鬼灯《むらさきほおずき》。「老いゆえのゆがみ。その境地は見ごたえがあります」とひと言添えられている。二月六日は、蔦の名残の紅葉と黄蓮華升麻《きれんげしょうま》。「春にも照葉は残ります。自然とはそういうもの」とある。

『一日一花』 新潮社刊、3500円。

「毎日だれかのために、この国の『たましひの記憶』である草木花を奉り、届けたいと願って」と、あとがきに川瀬さんは書くが、まことに「花のたましひの記憶」なのである。

日本というこの国の大地に生きるものの豊かさ、小さな姿のけなげさに目をみはる思いがする。いくたび開いても、新たな発見と感動を呼び覚ます一冊だ。花が大好きな友には、ぜひ教えてあげたい贈りものだ。

to lovers of ...

35

漆のメジャースプーン

コーヒー党へ

「紅茶党とコーヒー党とどちら?」
問われれば、迷わず「私はコーヒー」と答える。だから、コーヒー好きと聞けば、このメジャースプーンのことが浮かんで、つい話題にしてしまう。これを作った谷口吏《つとむ》さんも大のコーヒー党。自分がコーヒー豆を量るために作ってしまった匙なのだ。陶芸家にはけっこうコーヒー党が多くて、彼らが作ったドリッパーは、しばしば見ることがあるが、コーヒー豆のメジャースプーンというのは初めてだ。

コロンとしたおたまじゃくしのような姿をしている。横から見ると四分音符のような姿をして、なにしろチャーミングなのだ。朱塗りであることも、愛らしさをひときわ増している。茶色い無骨なコーヒー豆をすくうときが真価を発揮して最も美しい。

これで豆をすくう気分は、プラスチックの珈琲用スプーンで量るのとはえらい違いだ。豆を量ると、好きな飲み物を口にする弾むような気分をもたらしてくれて、コーヒー豆が砕けて粉になっていく香りとともに豊かな気持ちに満たされる。

私は、日に何杯もコーヒーを飲むので、ガラスの広口瓶に豆とメジャースプーンを入れてミルの横に置いている。濃い茶色の豆と赤いスプーン。ガラスから透けて見えるそれだけで、いい雰囲気を醸し出して絵になっている。

谷口吏作メジャースプーン15000円。

メジャースプーンには、ぜひおいしいコーヒー豆を添えて贈りたい。ここ一〇年ほどで、焙煎したばかりの豆があちこちで手に入るようになった。わが家の近所にある「堀口珈琲」はその一つで、時々思いがけない風味のブレンドに出くわすことがある。「ワインの風味がある」とか「チョコレートの苦味を感じさせる」「フローラルな香り」など、ワインのテロワールのような紹介コメントを読むだけで、飲んでみたい気分に誘われる。

to lovers of ...

36

「こぶくら」

上戸へ

「こぶくら」。聞いたことのない響きの音だ。でも、なにかふっくらと幸せ感を運んでくるような不思議な音である。

実は聞いてびっくり。これ、かつてはどぶろく(濁り酒)を飲むための器だったというのだ。岩手県二戸市浄法寺や安代町一帯で使われていたものだというが、なぜ、こぶくらと呼ぶのだろう。その由来を知りたかったが、浄法寺・滴生舎のスタッフも、おじいちゃんやおばあちゃんが「こぶくら」とか「こぶら」の話をしていたのを耳に記憶している程度で、由来までは不明だという。かつて田植えが終わった時とかお花見とか、親戚一同が集まるような時に持ち出した器だったというのだが。

浄法寺の汁椀と比べると、高台が高く器も幾分高くてすきっとしている。晴れの器のたたずまいをしている。

こぶくらには片口が対になっていたという。片口でさしつさされつ、並々と酒を注ぎ合いながら賑やかに酒盛りをした様子が目に浮かぶ。

本来のこぶくらはもっと大きかったそうで、子ども椀なみ。一合は入ったらしい。これは口径がおよそ八センチ。原型より八割の大きさに縮小した現代版なのだ。とはいえ、盃に使うにはかなりの量が入る大きさだ。

滴生舎作「こぶくら」各5800円。溜塗り、朱塗り、緑がある。片口も浄法寺の昔ながらの形。

浄法寺は、国産漆の八割を生産する漆の里だが、国産漆の生産量は、わずか一〜一・五トンで流通量のたった一〜二パーセント。ほとんどが中国産というのが現状だ。

滴生舎はその貴重な浄法寺漆を使って器を制作する工房。こぶくらには、国産漆が何度も塗り重ねられている。艶々とした麗しい肌の盃で飲んだら、さぞ酒が旨いことだろう。

「昔より小さくしたけれど、たっぷり酒が入るので飲むには危険な器です」と作り手の小田島勇さん。でも、昔から伝わる酒の器だ。上戸への贈りものにはぴったりだと思う。

37

超ごくうす、透明な生ハム

イタリア通にも

食文化研究家の北村光世さんは、イタリアのパルマに石の家を持っている。この北村さんの家に泊めていただいて、生ハムのサン・ニコラ社やパルミジャーノチーズを作る工場、ワイン造りの葡萄畑などへ連れて行っていただいたことがある。

イタリアは、昔ながらの自分たちが培ってきた食文化を守るスローフードの国。山間の高地で海からの湿気を帯びた風を生ハム熟成に生かすなど、それぞれの風土と食とが密接につながっている。短期間の旅で、イタリアの食文化におおいに興味を募らせることになった。

帰国後、北村さんに「生ハムならここ」と教えてもらった店がある。駒場にある「ピアッティ」だ。店主の岡田幸司《こうじ》さんは工学部出身で、建設会社勤務中にイタリアのシチリアに渡り、そこでイタリア産のおいしいものに出会って脱サラ。輸入食材を扱う店を始めてしまった変わり種だ。

イタリアの生ハムは、専用のイタリア製スライサーで超薄切りにして食べるのが基本で、「空気ごと、ふうわりとした風味を味わってほしい」と岡田さんは言う。柔らかい肉をとろけるように食べるのが最高というわけで、扱っているのは、パロマやサンダニエール、ノルチャ。スペインの生ハムの場合は、噛みしめるように味わうため

岡田幸司さんがスライスするプロシュット（イタリア製生ハム）は、100グラム1300円〜。

に手切りが基本なのだとか。同じ生ハムといえども、個性も食べ方も違うのだ。

ハムに塩がたつときには薄く、塩分が少なく旨みがあるときはやや厚めと、産地や熟成期間や肉の部位などを見極めてスライスする。神経を配りながら切る様子は、手仕事の職人でもある。

何人くらいで食べるのかと聞かれ、必要量だけをスライス。蠟引きの紙に挟みながら、つぶれないようにイタリア式にくるくる巻いて渡してくれる。

ホームパーティの手土産に「生ハムお願い」と、指定されることも多くなった。

38

プレジールのパン

無類のパン好きへ

わが家から二駅ほどの祖師谷大蔵にパン屋さんがあるのを知ったのは、ウォーキングを兼ねた散歩中のことだ。なんだかいい香りが漂ってきて、「えっ、どこから」と見回して気づいた。大きな看板があるわけでもなく、いつも素通りしてしまっていた。なにしろパン好きなので、思わずドアを押して入った。

プレジールのパンは、イーストを一切使わず、自然培養の自然酵母による発酵だ。フルーツ、ヨーグルト、小麦、古代小麦、玄麦など二〇種以上もの自家製発酵種を用い、一つのパンに二～五種類の酵母種を使うこともある。パンには独特の香りがあって、ずしりと重いものが多い。小麦粉の種類もいろいろ。ひと口では言い表せない深みと旨みを兼ね備えている。個性的なパンなのだ。

主人の田中祐治さんは、パン屋の息子だったそうだが、昔はパンが嫌いだった。自分でコントロールできる仕事であることがわかってから、がぜんパン作りがおもしろくなって挑戦してきた。

干し葡萄や干しいちじく、くるみ、ごまなどを入れた「アミティエ」。水を一切使わないで山葡萄の果汁で練り上げて、オレンジピールや、ベリー、くるみやレーズンを入れたどっしりした「パン・オ・フリュイ・ルージュ」とか、生のバラの花びらとそ

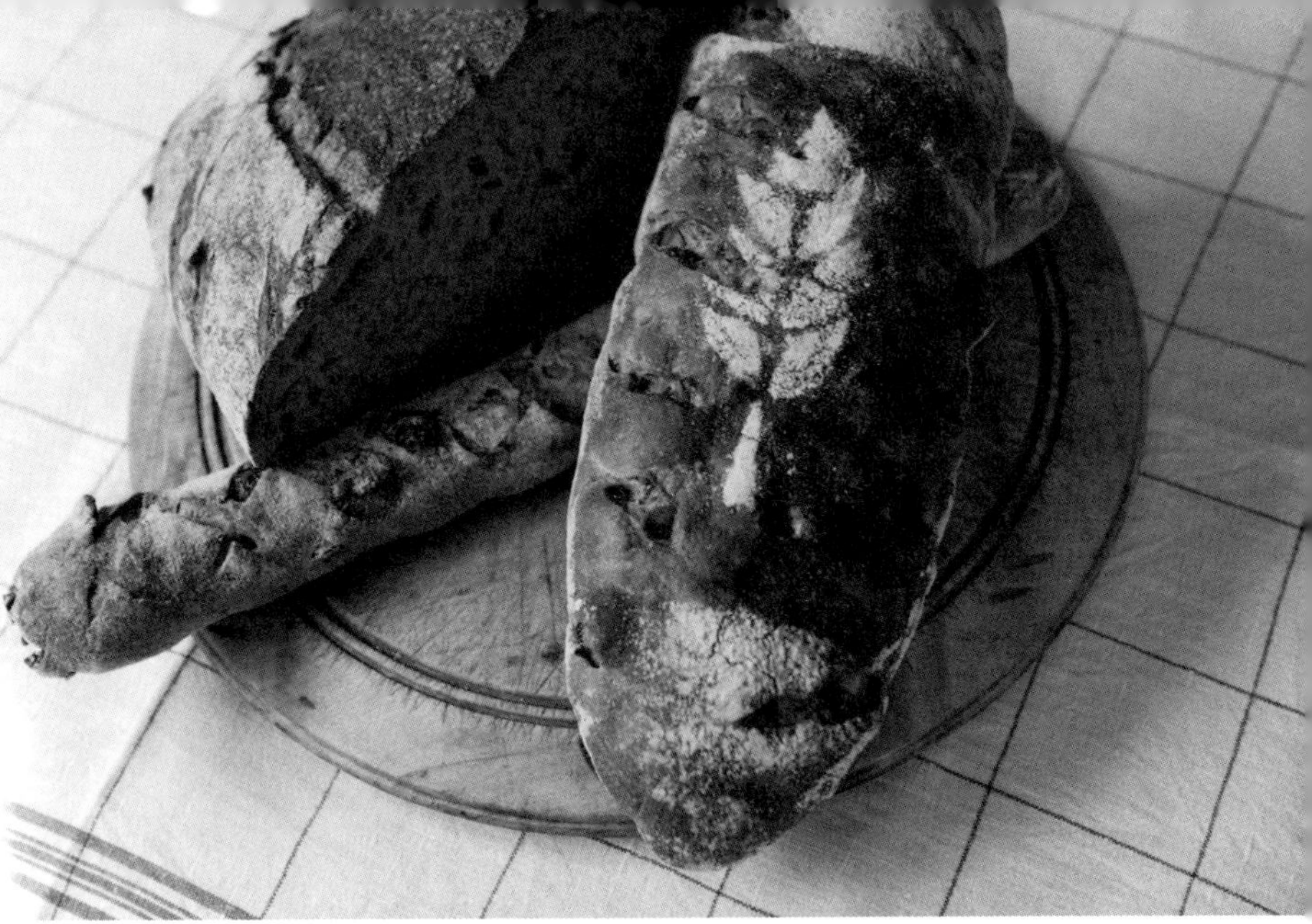

田中祐治さんが酵母作りからこだわるパン。「バトン」(中)は1本450円、水を一切使わず
山葡萄果汁で練り上げ、ナッツや葡萄などが豊富に入る「パン・オ・フリュイ・ルージュ2014」(右)、
玄麦を石臼で挽いた「ヴァイツェン・フォルコンプロート」は量り売り。

の発酵種から作る「スペシャルローズ」。バゲットや古代小麦の食パンなど粉の風味が楽しめるシンプルパンと、リッチな量り売りのパンがある。

それらもほとんど「本日限定」とか「日替わり」。よび名は同じでも、その日によって酵母の組み合わせが違うから風味も異なる。今日はどんなスペシャルが並んでいるのだろうと、楽しみに足を運ぶ。アドリブや気まぐれで調合しているのでは、と思うほど変化に富むが、「どこまでおいしいものを作れるか」と田中さんは、自分にいつも問うているらしい。パン作りを追求する作り手の姿は一途だ。

町田俊一作錆朱弁当箱。
外は錆朱で和紙貼り、内は黒塗り。
受注制作。40000円。

お弁当派へ

漆の入れ子弁当箱 39

社会人の娘は、弁当派である。『朝15分でお弁当』『作っておくと、便利なおかず』など、本棚には弁当関係の料理本も並んでいる。弁当箱は、プラスチックの入れ子で、四段重ねを使っている。そのプラスチックが、だいぶ傷ついてきている。気になって、「私の漆の弁当箱に替えたら」と言うと、「漆は苦い経験があるからいやだ」と言う。

中学、高校生時代に持たせていたのは、漆の弁当箱だったのだが、「弁当の汁がこぼれて、教科書が染みだらけになったこともある。会社の書類がそんなことになったら一大事。漆にプラスチックの蓋がついていればいいのだけど、そんなのないでしょ」と取りつく島もない。

しかも食べ終えると、一番大きいサイズの中に重ねてしまえて一段に収まる入れ子が、持ち歩きするうえで何よりのポイントだそうで、「漆にはそんなのないでしょ」と言うのだ。

ところが、町田俊一さんの展示会で、入れ子の弁当箱に出会った。件《くだん》の弁当箱を前にして、思わず娘の小難しい要求を町田さんに愚痴ってしまった。

町田さんは、漆の技術開発を長年してきた人である。とても興味深い話をしてくれた。黄色ブドウ球菌と大腸菌の培養試験をしたことがあるというのだ。

漆を塗ったプラスチック板と塗らないプラスチック板に、それぞれの菌と培養液を塗布して一定環境に置いて二四時間後に経過を見ると、

「何にも塗らないプラスチック板では大腸菌が一〇〇倍、ブドウ球菌が三倍に増えていましたが、漆を塗った板ではゼロという結果だったんです。漆はとにかく、抗菌性が高い塗料なんです」

抗菌性の度合いを示す値が二以上だと抗菌製品と表示できる由。漆の場合は最高値の六・三もあったと言うのだ。

「漆塗りの重箱の意味を改めて理解しましたが、食品を保存する器としても漆器は最適だと思います」と。

漆は、冷めにくいとか通気性があるとか、手触りのよさとかを語ることが多いが、町田さんの話に目から鱗が落ちた。科学的根拠をもって明快に、漆のよさを聞いたのは初めてのことだ。

「これから暑い夏だもの。ぜひ、漆塗りの弁当箱にするようにすすめたい」と言うと、「プラスチックにも漆を塗ることができます。今度、そのお弁当箱を拝見しましょう」とのこと。

密閉性については、「必要かもしれませんが、密閉性が悪いほうが、ご飯はべたつかないと言えますね」。

確かにその通りだ。町田さんの弁当箱は、桐にごく薄い和紙を二枚貼り重ねている。軽いし扱いも楽だ。まず使ってみてほしいと思う。

4

とっておきの贈りもの

for special days

40

グラヴィールのワイングラス

花岡和夫作グラヴィール
ワイングラスは、受注制作。
グラスを含めて10000円～。
「葡萄を持つ天使」（左）、
「葡萄を持つ子ども」（右）の
ワイングラスは30000円～。

花岡和夫さんが極める、
ヨーロッパに伝わる
精巧なガラスの彫刻を
グラスに。

誕生日とか結婚記念日に、妻に贈りものをする夫って、はたしてどれくらいいるのだろう。周りを見回しても、夫からプレゼントをもらって感激したという話は、あんまり耳に届かない。

私の場合、若い頃に大失態をしてしまった。海外出張へ出かけた夫からもらった土産のハンドバッグを、「ありがとう」とは言ったものの、あまりうれしそうな顔をしなかったらしいのだ。以来、「君は難しいから」と言われて、ものを贈られることは皆無に近い。

誕生日近くなると「あそこにあった財布が素敵だったのよ」とか、「そろそろ新しい時計に替えたいな」など、それとなくほのめかすのだが、夫一人で選んだり買ったりするのは、大変な勇気がいるのだという。どうやら億劫でもあるらしいのだ。大抵は、近所の花屋で見立て（てもらっ）た花のプレゼント、もしくはワインだ。最近では、花もワインもなし。食事に行って「おめでとう」と乾杯して終わり、ということが多くなった。

長年共に暮らして、相手の趣味をわかり切ったつもりの夫婦でさえ、こと贈りものになると、かくも難しい。

グラヴィールというのは、薄いガラスに精緻な彫りを刻んだもので、もともとはヨーロッパに伝わる水晶を彫る技法だった。やがて、ボヘミアクリスタルガラスにも用いられ、中世ヨーロッパの宮廷では、テーブルウエアがおおいにもてはやされた。回転する円盤を用いて（まるで歯科医のように）、それも何種類もの円盤を使い分けながら、微妙な凹凸をつけた模様を細かに刻む。極めて高度な熟練の技が必要だ。

日本にはグラヴィール作家は少ないが、花岡和夫さんはバルセロナの美術学校でグラヴィールと彫刻を学んだ。それも、彫刻科へ入るつもりだったのに、手違いでグラヴィール科に二年間学ぶことになってしまったという。何が幸いするかわからない。花岡さんは、ガラス素材の彫刻の繊細なことや表現の自由さというものに、あらためて目覚めたというのだから。

若い頃からギリシャ神話が大好きで、ギリシャ神話から彫像へ、さらに彫刻へと興味が広がっていったという花岡さんの作品には、神話の世界に着想を得たものが多く幻想的な美しさが感じられる。

「皮膚感の柔らかさや、人体の美しさを出せたらな、と常に思っています」

花岡さんのグラヴィールには、生き生きした皮膚感が宿る。ガラス彫刻とは思えないほど神秘的な柔らかさがあって、ふくよかな立体感にはうっとりするほどだ。わけても光をとらえて透明ガラスに浮かび上がるグラヴィールの輝きには、優美さが漂う。

私は「葡萄を持つ子ども」や「葡萄を持つ天使」のワイングラスが好きだ。初々しい子どもや天使の肢体に、しなやかな情感が息づいている。ワインを注ぐと、あたかも彫り刻んだ葡萄の一枝から滴りが落ちたように見える。なんでもなかった透明のグラスが、きわめてエレガントな世界を宿すことになる。

ワイン一本をプレゼントするだけではなく、こんなグラスを添えて贈れば、伴侶は感激するに決まっている。きっと夫を見直してしまうことだろう。これこそ、特別な記念日の夫からの贈りものとしてふさわしいと思うのだけれど。

41

蒔絵の銀河系腕輪

薄くて平たい円盤のごとき平腕輪。初めてこの腕輪を手にしたとき、垢抜けた美しさに目を離せなかった。金地と銀地の蒔絵だが、キンピカしていない。シックで渋くさえある。蒔絵には刻んだような線模様が見られる。なんと、それはケヤキの木目そのものだった。薄く挽いた形もシャープで好ましい。ひと目惚れしてしまった。

「どちらか一本でもいいかな、金と銀、どっちにしよう」

迷っていたら、作者の寒長《かんちょう》茂さんが遠慮がちに切り出した。

「これ、本当は二本ではめてもらいたいんです。腕にはめたとき、二本がぶつかりあって、ケヤキがいい音を奏でるんですよ」

音がする腕輪！　まさか！　蒔絵なのだもの。音が出るなんて、想像だにしていなかった。びっくりしてしまった。

そっと二本をはめると、カランコロン、カランコロコロ。手を上げ下げするたびに、軽やかに流れる優しい音。これぞ二本組みでなくっちゃ、意味がない。

外国人も参加する集いに、張り切ってはめて行ったことがある。

輪島の椀木地師、
寒長茂さんが作る
シックな腕輪は、
カランコロコロコロと
音がする。

寒長茂作銀河系腕輪は、右から、細腕輪48000円（銀内側金）、
同55000円（金内側銀）、太腕輪95000円（金内側銀）、平腕輪75000円（銀内側金）、
同95000円（金内側銀）、同28000円（朱内側銀）。

「音が出るブレスレットだ」と言うと、「なんの音が出ているの？」と不審がられた。涼やかな音は、賑やかな場所ではかき消されてしまう。耳元で鳴らしてあげて「ケヤキという木が触れ合う音」と答えても納得しない。そりゃあそうだろう、私だって半信半疑で、うちへ帰るや、ケヤキの椀を二つ、重ねたり外したりしてみたのだが、腕輪のような澄んだ音は出なかったのだ。

そのうえ、ジャパニーズラッカーと聞いて、またまた彼女は目を丸くした。どうやら「ジャパニーズラッカーは、赤いお椀」と思っていたふしがある。「ビューティフル」「ナイス」とほめられて鼻高々だった。

寒長茂さんは、輪島の椀木地師だ。輪島の漆仕事は分業である。椀木地を挽いているときに、彼はこの澄んだ音に気づいたのだという。私が試した椀の場合は、下地や口縁に布を貼った完成品なので、木だけが触れ合ういい音は出なかったのに違いない。

「腕輪には、金も銀も丸粉で大きなものを使うように頼んでいるんです」と寒長さん。蒔絵の金粉にはいろんな種類があって、平粉や細かい粉だと使う量も少なくて仕事もしやすいのだそうだ。しかし、層が薄いので傷がつくと木肌が見えてしまうことになる。寒長さんは、丸粉の一〇号を蒔いた上に、細か目の八号を蒔き詰めるというやり方にしたので、金粉の量は、小さな腕輪にしてははなはだしいほど多く必要になる。腕輪のボディを挽くと、あとは蒔絵師に委ねる仕事なのだが、こんなこだわりからも、寒長さんの腕輪への夢が伝わってくる。

「私が楽しいなと感じるのは、椀よりも腕輪を挽くときなんです」と聞いたことがある。どんな女性《ひと》がしてくれるのだろう、とまだ見ぬ女性を想像しながら木地を挽いて

音の出る金と銀の平腕輪。

いるのではないだろうか。インパクトのある太い腕輪や細いものも生まれた。しかも、どこかに小さな螺鈿や金片が施されている。

蒔絵の腕輪を、彼は「銀河系腕輪」と呼んでいる。宇宙へのはばたきを連想させるネーミングがいい。漆職人の発想から生まれた腕輪は、若い人には似合わない。本物の美しさを知っている女性へ、贈ってほしいものの一つだ。

佐竹康宏作「手のひら鏡」は、右上から時計回りに、
縞黒檀、黒柿、神代欅、楓、栃杢、たも、水楢、欅杢。13000円〜。
塗りのシリーズもあり、朱と黒の市松や白漆、蒔絵などもある。

42 手のひら鏡

佐竹康宏さんの繊細な仕事を自分へのご褒美に。自分を見つめるための木工の鏡。

見るからにすがすがしい木肌は、楓だという。色合いは似ているのに、流れる雲のような模様を描くのは栃の杢《もく》だ。黒と茶の幻想的な肌は、黒柿。まるで極細のレース糸で編んだようなお洒落な木目は、水楢だ。木はなんと豊かな表情を持っているのだろう。あらためて目をみはってしまった。

ダイナミックなものあり優しいものあり。千差万別の表情を持つ木に嵌め込んだ小さな鏡は、木地師の佐竹康宏さんが作ったものだ。

「木はさばいてみなければわからんのです」というのは佐竹さんの口癖だ。

石川県山中で木地職人をしている佐竹さんは、日本全国の塗師《ぬし》から注文が殺到する名工である。上塗りをする塗師の注文を聞いて、ごく薄手の木地でもみごとに形にできる人なのだ。その一方で、ひとしお木の持ち味や魅力に惹かれてきたのだろう。美しい木目を引き出して模様とする独自の茶托、盆、皿などを制作する木工家としても作を発表してきた。

漆器の場合には漆を塗ってしまうので、木目の美しさは表に出ないことが多い。木を相手にしながら、二つとない唸るような木目にしばしば出会って、おそらく佐竹さんは木工家としての道も歩みはじめたのではないか。

掌にすっぽり収まる大きさの鏡は、工芸の店「スペースたかもり」を主宰する髙森寛子さんプロデュースの紅筆と出会ったことがきっかけで、佐竹さんを発奮させた。「この筆にふさわしい鏡を作ってみたい」と。

思いついたら矢も楯もたまらない一直線の人だ。鏡の文献を求めてあちらこちらへ。卑弥呼の鏡といわれる古墳時代の銅鏡、三角縁神獣鏡《さんかくぶちしんじゅうきょう》まで勉強したという打ち込みよう。いい鏡面を求めて、情報を仕入れては東に西にと出かけて行き、「これなら」という納得いく鏡面に行きついたというのである。

作るとなると、とことん追求しこだわりを持って向き合う佐竹さんには、もう一つ、悩みが生じた。木は自然の中で育ったものだ。おまけに、それぞれの樹種によっても個性は異なる。都会で愛用してもらうには、エアコンの行きわたった（木にとっては）過酷な環境に耐えるものでなくては、女性のバッグに入れてもらうわけにはいかない——と。木を愛し木に熟達した人だからこそ、そこまで思いを馳せたのだろう。さらに試行錯誤が重ねられたという。「手のひら鏡」の誕生は、佐竹康宏の木地師としての仕事と感性が凝縮されているのだ。

以前、佐竹さんから聞いた、こんな話も忘れられない。

「漆をかけてみると、鉋《かんな》の切れ味、自分の仕事がよう見えてくるもんです」

拭き漆を塗った鏡には、それぞれの木がそれぞれの顔を出している。美しい木地の味わいは、やはり佐竹さんの確かな腕あっての仕事なのだ。

ごく薄くすっきりした形も都会的で瀟洒《しょうしゃ》である。

バッグの中にこんな鏡がしのばせてあるなんて、誰にもわからない。自分だけが知っている。贅沢な鏡だといえるが、自分にご褒美を上げたくなったら、手のひら鏡を推《お》したい。それから後の自分の生き方も、ずっと鏡は見つめていてくれるのだから。

43

襟元に華やぐ巻きもの

上／バリ島で制作するビン・コマラさんのショール。
右の2点はシルク製。32000円(右)、45000円(中)、
左はウールシルク100000円。

左ページ／STUDIO羽65作緑と藍のショール(上)15000円、
桜染め(右)参考作品、梅染め(左)14000円、
ミントや月桂樹で染めた大判ショール30000円。

シルクのバティックと、
織りの仕事、
どちらも布に
魂を吹き込む。

誕生祝いでも旅の土産でも、私はついショールやスカーフを選ぶことになる。これが意外にも好評（と思っている）なのだ。袖を通すものは、袖や肩幅が合わなければ箪笥のこやし。ましてや好みでない色柄は一蹴されてしまう。ところが巻きものは、本人が選ばない色でも思いのほか似合ったり、さし色効果を発揮したり。「あの色、すごく映えるの」と喜ばれたりもする。

ことに、年配者の首周りを飾るものは、断然手仕事の品がよい。天然素材や丹念な仕事による質感など、上質な持ち味は、身に着ければ一目瞭然。品を添えてくれるはずだ。染めだったら、ビンハウスのジャワ更紗のスカーフが美しい。

ビン・コマラさんのバリ島の工房で、ろう型置きや手描きといったインドネシアの昔ながらの仕事を守りながら染め上げたスカーフやショールである。ろうの型染めをバティックというが、バティックは本来、木綿が主流。しかし、コマラさんは、手織りの絹生地を織ることにも挑戦。風合いのあるシルクにバティックを置くことで、伝統の手仕事に現代の命を吹き込んだ。シルクの機織り工場まで作ってしまったのである。そのうえ、とうとうウール素材のバティックまで完成させた。

バリのコマラさんのところには、二度訪ねたことがある。エネルギッシュな女性で、自分の哲学をきちんともっている人だ。

「布は人間と同じ。同じ糸で同じように織っても、力具合やメンタルコンディションで違うものができる。バティックの染めも同じ。同じメークアップをしても、貴方と私が違うように、布は一枚きり。独自の魂を持っていない布なんてつまらないと思う」

力強く語っていた言葉が蘇るが、これは手仕事の真髄を突いた言葉でもある。

「布はもう一枚の皮膚よ」とも語っていた。一枚の布は身体を飾るだけでなく、暑い日差しをよけ、心地よい風を運ぶ。寒いときには、首筋を守ってくれて、もう一枚の皮膚の働きをしてくれる。洗練されたコマラさんの「一枚の布」は、うれしい贈りものである。

織りをしている作り手は多いけれど、二人工房の仕事に関心をいだいている。その名も「STUDIO羽65」。飯田竜子さんと山本里子さん二人がメンバーなのだが、分業というわけではなくて、それぞれが自分の感覚で自分の作品を作っているのだという。でも、布に目印があるわけではないから、どちらが飯田さんの織りか、山本さんの作なのかはわからない。

このような二人工房は珍しいシステムだ。聞いてみたら、文化学院時代に「布の無名性」という言葉を学んだことが始まりだという。「制作者個人の名が冠されることより、布が布としてどれだけ使い手によって生かされていくかが大事だから」。この言葉も実に深い含蓄を持っている。布は身に着けて使うものだからこそ、という布の原点を示していることなのだ。

二人の間では、織り上げたものを前に厳しい意見が飛び交うこともあるらしい。何が大切なのか、ということを巡って、真摯に作るものに向き合っているといえる。

梅の木やくるみ、ざくろなど森からの贈りもので糸を染めて織ったシルクのショールには、透明感が漂っている。二人の背筋のようにしゃきっとした美しさが香り立つ。

44 木馬

三〇年近く昔に遊んでいた木馬が、再び娘のところへ戻ってきた。

木馬は、次女が三つになったとき、彼女たちの祖母から贈られたものだ。

「えっ、七五三に木馬?」「こんな狭い部屋で困っちゃう」

私は感謝どころか苦言を呈したのを覚えている。

「すくすく育って七五三。おめでとう。ますます元気に遊んでね」とカードがあった。

当の子どもたちは意外な贈りものに大喜び。連日、木馬目当てに友達が訪れるほどの人気者となった。娘たちが小学校高学年になって、木馬は子ども部屋の片隅でひっそりしていることが多くなったので、義妹の家族へ譲った。やがて弟の子どもたちへと回っていったのだが、その先は知らない。

出産した後、病院のベッドで寝ていて、突如、娘は木馬を思い出したのだという。叔父さん夫婦に電話をしたところ、叔父から、さらに三軒の友人たちへと次々、譲られたという話だった。

「今さら無理だよね。壊れちゃったかもしれないし処分されているかも」

すっかりあきらめ口調だったが、一週間ほどして叔父たちから電話があった。追跡調査をしたところ、ありかが判明。

娘から従弟へ、
近所の友人、
そして孫へ。
三〇年たって帰ってきた
祖母の贈りもの。

処分されずに置いてあったので、近日中に届けてくれるというのであった。

いったい、何人の子どもたちが乗って遊んだのかしら。男の子たちは、はらはらするような遊び方をしていたし、さぞ、やつれているに違いない。遊べる状態なのかしら。半信半疑の思いで、木馬が届く日、私も会いに行った。

首の部分に補強の釘が一本打ちつけてあったけれど、まったく問題なく遊ぶことができる。娘の子どもたちも、友達を誘ってきて、楽しそうに揺らしては「きゃっきゃっ」と声をあげて遊んでいた。

調べてみたら、これは北欧製の木馬だった。無垢の一枚板ではなく、北欧の曲木《まげぎ》の椅子などに使われている成形合板によるものだ。子どもにおもねる着色もしてないし、余計な飾りもない。今日日のカラフルなプラスチック玩具に比べると、そっけないくらいあっさり。だからこそ、こうやって木馬は長生きしたのだと思う。

子どもを得た娘の脳裏に、不意に木馬が浮かんだというからには、木馬遊びはよほど楽しい時間だったのだろう。総勢何人が歓声をあげたのか、背中で笑いはじける声を聞いていた木馬だけが知っている。

親子二代にわたって楽しめるおもちゃ。これぞ、おばあちゃんでないと選べない贈りものではないだろうか。

45

小さなスツール

二歳だった孫に送った
杉村徹さんの木の仕事。
腰掛けたり、
踏み台にしたり。

小田急線の成城学園前駅に、「ギャラリーＩＣＨＩＹＯ」が誕生して二回目の展覧会だったと思う。杉村徹さんの木工展が開催された。杉村さんは、かねてから知り合いのもの作り。しかも隣の駅だから、ぶらりと気軽に寄ってみた。庭に大きな桜の樹が枝を張っている気持ちのいい一軒家ギャラリーで、杉村さんが得意とするスツールが三々五々、置いてある。こういう家具は白い箱のギャラリーより、生活につながる空間にあったほうが映えるなあ。そんな感じを抱きながらスツールのかけ心地を試していて、ふとひらめいたことがあった。

娘のところのチビがまもなく二歳を迎える。手を洗ったり歯を磨いたりするたびに大人が抱きかかえているけれど、こんなスツールがあったら重宝するのではないかしら。娘の意見も聞かず、誕生日プレゼントにすることに決めた。

全部のスツールに腰をかけてみて、一番低くて座面の面積の広いものを選んだ。チビはスツールの上に立ち上がって歯磨きをするだろうし、自分でのぼり降りするようになれば安定している高さのものが一番だからだ。

さて、どうやって持って帰ろうか。思案していたら、「近いのでお届けしましょう」と女主人が声をかけてくれ、その日の夜、自分で運転して運んでくださった。

大正解の誕生日プレゼントだった。

洗面所だけではなく、ママの料理の助手（?）をするときには、「よいしょ、よいしょ」と自分で台所へ運んでいく。友達が来れば、このスツールに腰かけて偉そうに陣頭指揮をとって遊んでいる。

杉村さんは、若い頃信州の松本民芸関連の家具仕事にかかわっていた人で、スツールはしごく軽やかだ。見た目だけではなく、実際に幼児が持ち運べる軽さでもある。材は山桜やウォールナットなどで、スツールの脚の開き具合が一点一点違って個性を出している。

「削るのが一番楽しい時間」と、杉村さんは言う。ノミを手に、削っては木の手触りを確認し、細部をさらに丹念に削って、形を決め込んでいくのだ。そういえば、木工少年のような面影を残している人だ。

ＩＣＨＩＹＯは一〇年目の年に、ギャラリーを閉めた。

最後の展覧会に行って、女主人と杉村スツールを運んでもらった話に花が咲いた。ギャラリーはなくなったけれど、スツールは現役だ。チビは一二歳、少女となった。次女が生まれて、所有権は移譲したらしい。でも、高いところの収納物を取るときなど、今や、踏み台代わりの必需品。家族の暮らしにしっかり根を下ろしている。

杉村徹作スツールは、3段階の高さがある。Sサイズ30000円〜。
材質は、胡桃、山桜、ウォールナット。比較的軽いのは胡桃。

Wrapping Ideas
ラッピング・アイディア
1

手描きのオリジナルカード

心のこもった贈りものには美しいカードを添えて差し上げたいもの。

カリグラフィーファクトリーを主宰する、ひがしはまねさんは、流麗な文字によるオンリーワンのオリジナルカードの注文制作をしてくれる。リクエストに応えたイラストを添え、筆やペンを使って仕上げたカードを添えれば、一層、手仕事の贈りものに優しさが伝わることでしょう。

◆**オンリーワンのオリジナルカード**
（48ページ参照）

贈りものの趣旨、デザインイメージ（たとえば熊の親子を入れたい、愛犬を描いてほしい）、サイズ、文字内容などをひがしさんにリクエスト。

ハガキ大　1000円〜。

（予算に応じて。封筒、中紙付、税込、送料別）

◆**サンプルから選ぶ**
ホームページにある各種サンプルから選ぶ。ハガキ大400円（封筒、中紙付、税込、送料別）。すべて手彩色仕上げ、文字もこだわりの手描き。写真は、サンプルの一例。

◎**申し込み**
カリグラフィーファクトリー　ひがしはまね
http://www.geocities.jp/hamane_ca

5

番外編

46

homemade gifts

買えない贈りもの

もう十数年来、神戸の人形作家、中田久美さんからお手製の「いかなごの釘煮」を頂戴している。

たまたま取材にうかがった折、釘煮が話題にのぼった。若い頃、二年間神戸に住んだので、いかなごの釘煮は私たち家族にとって懐かしい味だ。そんな話を覚えていてくれた中田さんから、翌年、ご自分が炊いた釘煮が届いた。以来、十数年。一度も欠かさずに送られてくる。年によって、いかなごは小さかったり大きかったり。

生姜を利かせて炊いた釘煮は、ふっくらほろほろとした味わいで、買ったものとは雲泥の差なのだ。わが家にとっては、一年の始まりのように春を告げてくれる贈りものである。夫は、「来たか来たか」と待ちかねたかのように相好を崩して、ご飯をお代わりする。釘煮が届いた日は、ご飯を多めに炊くのが恒例となった。

秋と春のお彼岸には、おはぎをこしらえて届けてくれる友人がいた。彼女の家でご馳走になった際、「昔は作ったけれど、面倒くさくてもう作るのはいや」と、話した記憶がある。

その後、必ずおはぎが届くようになった。

甘さ控えめのおはぎはおいしくて、ごまや黄粉が入ることもあった。調布時代の友人だが、私が狛江に転居してからも、息子や夫に運転させて、車でおはぎを配達してくれた。留守をしていると、「ポストに入れたよ」とだけ、留守番電話が入っていた。

彼女が膵臓癌で倒れるまで、二〇年以上もの春秋に、彼女のおはぎをぱくついていたことになる。

母のところへは、春と秋にジャムが届く。北海道に住む歌友からで、北の果物を使ったフレッシュなジャムである。毎朝パン食の母は、これがないと機嫌が悪い。彼女はジャム作りの名手なのだ。母が書いた礼状につい、「おいしかった~(草)」と添え書きをしたら、私の分まで到来するようになった。

私も年に数度、思い立って作ることもあるが、果物の皮を剥いたり種を取ったり、手間を思うとひるんでしまう。保存用の瓶の熱湯消毒がまたひと手間仕事だし……。

それにしても大量のジャムだ。どんなに大きな鍋で煮ているのだろう。

大晦日には、二年ほど蕎麦屋をやっていた友人が蕎麦を打ってくれる。三一日のお昼過ぎに新宿で待ち合わせをして受け取るのだが、わが家だけでなく、彼女は友人知人多数にふるまうようで、きっと徹夜のはず。寝正月なのでは、と内心案じているのだが、一年の締めはＪ子蕎麦が定番となった。茹でるための大鍋を出して夫は帰宅するのを待ちかねている。

ここ二年ほどは、友人のお嬢さんがカラスミを作ってくださる。料理人修業を重ねた彼女のカラスミは、絶品。私は、彼女のおかげでカラスミに目覚めてしまった。正月が来る間際に頂戴するのだが、数時間でもお正月が待ち遠しい。「少しお味見など」と薄く切っては賞味してしまう。

季節の味は、今やデパートでなんでも手に入るが、手製の味はその人だけのもの。こちこちの飴焚きではないふんわりとした釘煮、ほどよい小豆あんのおはぎ、まろやかなカラスミ。いずれもいくらお金を積んでも買えない贅沢な贈りものだ。それを長年、享受しっぱなしの私は、なんと幸せ者なのだろう。みなさん、本当に有難う。

食いしん坊として友人の間で、つとに名がとどろいている友達がいる。どうも、特殊な鼻を持っているようで、レアな珍品を探し出す名人である。たとえば、岡山の桃の缶詰、徳島の山中で農家のおばあちゃんが作っていた山牛蒡の味噌漬け、ネパールの結構癖が強い蜂蜜、やはりネパールのミルクティーの茶葉とか香辛料など。「お裾分け」のように、お土産にいただく。少しの分量が負担にならないし、旅の土産話と一緒にいただくので楽しみも倍増。これもうれしい「買うことのできない贈りもの」だ。

47

限定歌集『八十八夜詠』

京都の湯川書房造本の、八八歳の母の歌。八八首で八八冊。

私の母は、歌詠みである。七〇年余り、歌を作ってきたうえ、父の跡を継いで結社の歌誌の発行人をやってきたので、言ってみればプロというわけだ。

娘の私といえば、短歌を作ったのは中学校の宿題くらい。小さい時から苦悶する父の背中や没頭する姿を見て育ったせいか、どこかで避けたい気持ちがあったのは事実で、両親からも「あなたも歌をやりなさい」と言われたことは一度もない……閑話休題。

歌詠みと勤め人と二足の草鞋をはいた父の片腕だった母は、歌誌の発行事務もこなし、祖父母たちとも同居。常軌を逸するほどの多忙さだったから、自分の歌集を編んだのさえ、五〇歳を過ぎてのこと（それだって、父が酔う度に「英子の歌集を出してやりたいな」と愚痴るので、根負けした私が歌稿を整理して発行にこぎつけた）。

母が八八歳を迎える年、過ぎ越し方をつらつら思い出していたら、なにかお祝いをしたいという気持ちがモーレツに募ってきた。父は七〇代で亡くなったが、母は平均寿命を超えた長寿を迎える。「よく頑張ってきたね」と、尊敬の気持ちを届けたいと思ったのだった。

母が作歌を始めたのは大学生の頃だという。長いこと歌を詠んできた歴史を形にして、米寿にちなんで八八尽くしの薄い歌集を贈ろうと決めた。八八首の歌で綴る自分史。それで、八八冊だけの限定版の歌集を作ろう。

これは湯川成一さんに頼みたい（残念なことに湯川さんは平成二〇年に亡くなられた）。京都の「湯川書房」は、稀覯本の制作で知られた本造りの名手。電話をかけると、その場で湯川さんは、即座に、「掌《たなごころ》にのるような小さな歌集にしたい」と言われた。「一度、ごく小さな本を手がけてみたいと思っていたのだ」とも。掌歌集。素晴らしいアイディアだ。

八八首の歌は、私が独断で選んだ。絵を描くのが好きな母だから、旅のスケッチを見返しに使ってもらうのはどうだろう。

再び、湯川さんから電話があった。

「なにか、裂《きれ》で使えるものはないだろうか。装幀に使いたい」というのだ。イランの旅土産にもらったペルシャ更紗の古裂《こぎれ》、あれがしまってあるはずだ。あれがいい。妹や弟の奥さんたちにも提供してもらうよう懇願して、歌稿と裂やスケッチを携えて、湯川さんのもとを訪ねた。

母が自らつけた歌集のタイトルは『八十八夜詠』。

「昼間は忙しくて歌を作る時間はなかったのよ。私の歌は、みんなが眠った後に作ったから、夜生まれた歌というわけ」と。

八八冊の掌歌集ができてきたら、最初の扉のページに、母は一首ずつ歌を揮毫《きごう》してそれぞれに贈ってくれた。だからどれも、たった一冊の本というわけで、母に贈った本なのに、私たちにとっても記念の贈りものとなった。

48 スイビーのアルバム

Suivi

愛犬の死を見つめるきっかけになったアルバム作り。家族と犬仲間にも一冊ずつ。

一六年間、家族の一員だったゴールデンレトリバー、スイビーが死んだのは七月五日。賢い犬で、ようやく歩けるほどのよたよたになっても、大便小便を漏らさない。悲しい声で小さく訴える体にバスタオルを巻き、引っ張り上げるようにして庭へ連れ出した。

寝たきりになって一週間。食卓の脇に布団を敷いて寝かせて、水を口に含ませたり、果汁をやったり、どろどろのパン粥を含ませたりした。

七月四日の夕方、スイビーが寝ている横で、私は孫娘たちと話をしていた。

「クーちゃん（私のニックネーム）、私の誕生会に来られるかな？」と、上の孫が聞いた。

「スイビーが、こんなでしょ。寝たきりだから、置いて出かけるわけにはいかないわ。私はお留守番。みんなでお食事を楽しんでね」と、私は返事をした。

七月六日は六歳の誕生日。誕生会に出席してほしいという要請なのだった。

それから数時間後、五日の明け方のことだ。

突然、スイビーが、荒い呼吸を始めたのだった。横で寝ていた私は、慌てて医師からもらった強心剤を打ち、夫が医師に電話を入れた。しかし、あっという間に、スイビーはすーっと深く深呼吸をして、私の腕の中で崩れ落ちた。

「スイビー」「スイビー」

頭を叩いても体を揺すっても、再び目を開けることはなかった。

食卓の脇で、私の言葉を聞いていたのだ、きっと。私の喋る言葉はいくつも理解していたから、自分が死んで六日には誕生会へ行けるように計らったのではなかったのか。後悔しても彼は戻らないのだが、私は自分を責め、すっかり気落ちして泣き虫になって、なにも手がつかない日が続いた。

ある日のこと、スイビーの写真を取り出して眺めていたら、不意に、以前目にしたミニアルバムが、まるで降りてきたようにひらめいたのであった。Frame Recipe の今井ふみ子さんのアトリエで見た折れ本仕立ての小さな写真集である。

「そうだ、スイビーのミニアルバムをこしらえよう」

スイビーは長女のことが一番好きだったので、長女の手元にはいろんな写真が保存してあった。わが家へもらわれてきた三か月の頃の写真も大事にしていた。大好きだった大雪の写真。サングラスをかけさせられた写真、野川へ飛び込んだ写真、じっとお握りを見つめる一枚。夫と二人(?)、爆睡中の昼寝写真……。そして孫と一緒のおじいさん犬まで。ああでもない、こうでもないと、撮った写真を眺めて選んだ。

今井さんに制作者の連絡先を聞いて依頼。写真に添えるキャプションを考え、表紙は妹が描いてくれたスイビーにした。

犬友達何人からはお花をいただいたので、家族一人ずつと犬友達へ贈る分をこしらえてもらうことにした。一冊ずつ愛らしく梱包されてでき上がってきた。

アルバムを作る作業の中で、私はようやくスイビーの死を見つめることができるようになった。でき上がったミニアルバムは、スイビーの思い出でもあるが、スイビーとわれら家族の一六年史だ。一家の中心に彼がいて、一家を一つにしてくれていたのだとしみじみ思う。

Wrapping Ideas
ラッピング・アイディア 2

市販の文具をつかった簡単包装術

いつも美しい包装術に驚かされる宇津木卓三さん（建築家）に、素敵なラッピングのアイディアを教えてもらいました。

1 マスキングテープを使って

A

A4の紙で本体を巻いて小口を折り込まずシールで押さえるだけ。

B

包み紙は和紙のようなリッチなものにすると、きれいに仕上がる。

C

最もレベルの高いテープの使用例。当たりをとってやりましょう。

D

別紙で小口を隠しストライプテープを巻く。はじっこをコーティングしたお菓子のような可愛さ。

E

「キャラメル包み」した左右の小口を見せないように、色つきパラフィン紙などで上掛け。上下の紙の縁にマスキングテープを貼る。

片面が波形、片面が平面になったコルゲート・ペーパー（商品名「サーフ」「リップルボード」など）は、B３で約一三〇円。色が一五色ほどあります。

　これを二枚つなげて、箱代わりの包装をしてみましょう。手渡しの贈りものに向いています。やってみると意外に簡単！

2 コルゲート・ペーパーを使って

アーモンド形の中にプレゼントの現物が入ることを基準にします。角ばったものの場合は、高さがアーモンド形の天地の3分の1におさまるよう弧を決めると、きれいにフラップを折り込める。

③表裏、両端、合計4か所を②のようにカットする。
④アーモンド形のフラップの一方は、中央に指掛けを作ると開けるときに便利。

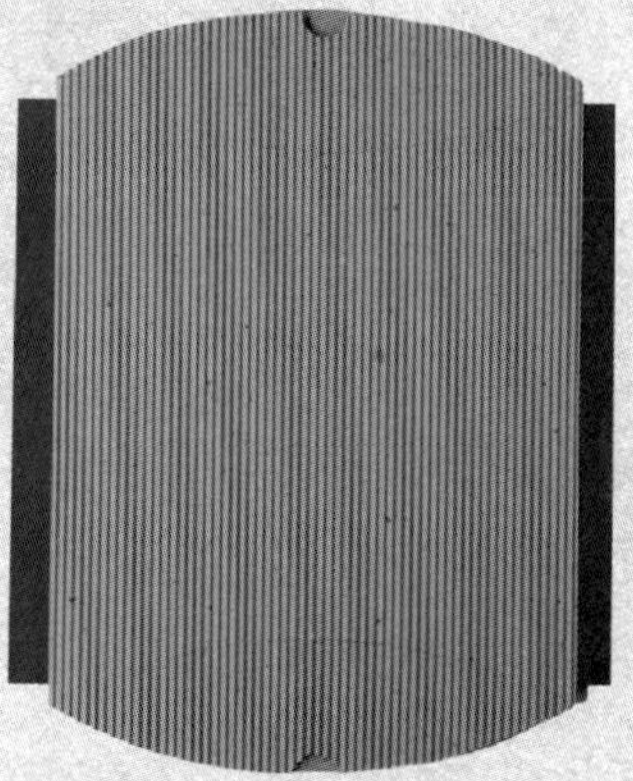

①波形を表にした2枚を、背中合わせにトンネル状になるようつなげる。
②トンネルの両端をアーモンド形に切る。外弦は切り離す。内弦は表面の波形のみを、裏まで刃が通らないように切る。

あとがき

出版のお誘いを受けた時にすぐに思いついたことが、「手仕事」と「贈りもの」をテーマにしたいということだった。

東日本大震災のテレビを見ていた時のことである。気仙沼に大津波が押し寄せる映像の中に、ふと学生時代の先輩が住んでいるはずだと思い出したのだ。

「気仙沼は、景色がきれいでね、良いところなんだ。一度みんなで遊びに来てよ」後輩の我々にそんなことを言っていた記憶がある。その気仙沼が、とんでもないことになっている。先輩は無事なのだろうか。卒業後、ハガキ一枚出したことがなかったから古い住所録を探し出し、何度も電話をかけるが梨のつぶて。新聞社の避難者名簿にもみつからない。そうだ、『河北新報』だ。東北で読んだ新聞を思い出し、ネットで記事検索をしていったところ、偶然に名前を発見。避難先が明らかになった。

連日、避難所に電話をかけて、ようやく声を聞くことができた（先輩が不在だったのは、親戚のお葬式が続いていたからだった）。

「何か必要なものはありませんか？」と聞いても、肝心の先輩は「大丈夫だから」「大丈夫だから」と繰り返すばかり。東北人特有の謙虚さなのだ。ある日、私が同じ立場になったら必要なものはなんだろうと考えた。私は「老眼鏡」がないと身動きできない。はっと気づいて、気仙沼へ電話して聞くと、「実は困っている。奥さんの眼鏡をしばしば借りている」と言うではないか。相手の立場にたって支援することはなかなか難しいものだと実感した。

同じ頃、中野幹子さんのところへ取材に行った。

いつもの中野作品とはひと味違う「顔シリーズ」のコップがあった。ほのぼのした顔、にんまりした顔。澄まし顔。エナメル彩で描いた顔とりどり。反射的に浮かんだのは先輩のことだ。これで水を飲んだり歯磨きすれば元気が出るだろう、と思われた。幹子さんのコップを見ながら、「手仕事には、人を励ます力があるのだ」と確信した。作った人の思いが込められ、手を動かす中でにじみ出てくる底力のようなものを秘めているといったらいいのだろうか。そんな経験が、今回のテーマの動機となった。人の手によって作られ、人の手によって選ばれ、人の手によって大切に使われる。手仕事のものには、そんな手と手をつないでいく物語も存在するはずだ。

選ぶときには杓子定規に考えないで、自由な目で探してほしい。まず相手の立場にたって考えることがなにより大事だと思う。

足立恵美さんには大変お世話になりました。約束がずるずる延びてごめんなさい。迷ったり悩んだりしていると、常に笑顔で応えてくださって、私にとっては、笑顔が一番の贈りものでした。宮下直樹さんの透明感ある写真、矢萩多聞さんの「手」の感覚に近いレイアウト。おかげさまでこんなに愛らしい本が生まれて、うれしい思いでいっぱいです。

三間まりさん、竹内久恵さんにもお力添えをいただきました。ありがとうございました。

片柳草生

二〇一四年一一月

「手仕事の贈りもの」問い合わせリスト

1

中野幹子〈ミニグラス〉
●宙　東京都目黒区碑文谷5-5-6
☎03-3791-4334 ✉sora@tosora.jp

2

谷口吏〈取り分けスプーン〉
●うつわや釉　東京都新宿区神楽坂6-22
☎03-3235-2649 http://utsuwayayu.info

平岡正弘〈取り分けスプーン〉
●暮らしのうつわ 花田　東京都千代田区九段南2-2-5 九段ビル1・2F ☎03-3262-0669
http://www.utsuwa-hanada.jp
●shizen　東京都渋谷区神宮前2-21-17
☎03-3746-1334
http://utsuwa-kaede.com/shizen/

3

高橋禎彦〈ガラス鉢〉
●サボワ・ヴィーブル　東京都港区六本木5-17-1AXISビル3F ☎03-3585-7365
http://savoir-vivre.co.jp
●宙（→1）
●エポカ ザ ショップ銀座・日々　東京都中央区銀座5-5-13-B1 ☎03-3573-3417

安達征良〈まるサラダボウル〉
●暮らしのうつわ 花田（→2）

中山孝志〈深緑皿〉
●暮らしのうつわ 花田（→2）

4

平岡正弘〈木べら〉
●暮らしのうつわ 花田（→2）
●shizen（→2）

5

本間幸夫〈本朱醤油さし〉
●荻房　東京都杉並区南荻窪2-27-3
☎03-3334-0628 FAX 03-5930-4147
✉ogibo@ogibo.jp

6

犬や猫のクッキーボックス
●hana　千葉県 市川市真間2-19-1
☎/FAX 047-727-9157
http://www.hanahomemade.com/hana/index.html

7

扇田克也〈HOUSE〉
●グラスギャラリー・カラニス
東京都港区南青山5-3-10 From 1st 2階
☎03-3406-1440 http://www.czj.jp/karanis

Holz〈ハウスクラフトH40〉
●ホルツ ファニチャー アンド インテリア
岩手県盛岡市菜園1-3-10
☎019-623-8000 ✉holz@m8.dion.ne.jp

8

山本源太〈白釉四方皿〉
●うつわや釉（→2）

村田森〈デルフト楕円皿〉
●田園調布いちょう　東京都大田区田園調布3-1-1ガデス田園調布ビル2階
☎03-3721-3010 ✉info@ichou-jp.com

今井一美〈そらまめ〉
●瑞玉　東京都板橋区板橋2-45-11
☎03-3961-8984 ✉suigyoku@gns-net.jp

久保田健司〈いっちん飴釉皿〉
●もえぎ城内坂店
栃木県芳賀郡益子町城内坂150
☎0258-72-6003

9

小川博久〈花びら箸おき〉

●暮らしのうつわ 花田（→2）

須田菁華〈筍、唐辛子箸おき〉

●菁華窯　石川県加賀市山代温泉東山町4

☎0761-76-0008　FAX 0761-76-0988

伊藤慶二〈白磁箸おき〉

●伊藤慶二工房　岐阜県土岐市泉島田3-17

☎/FAX 0572-54-5356

上泉秀人〈菓子型箸おき〉

●宙（→1）

10

永井健〈急須〉

●田園調布いちょう（→8）

●銀屋　兵庫県西宮市樋之池町24-17

☎0798-70-7557　http://ginya-kurakuen.com/

ラトビアバスケット

●巣巣　東京都世田谷区等々力8-11-3

☎03-5760-7020　✉susu@susu.co.jp

武夷岩茶

●岩茶房　東京都目黒区上目黒3-15-5

☎03-3714-7425

甲斐鉄也〈釜炒り茶〉

●一心園　宮崎県西臼杵郡日之影町大字七折9323

☎0982-87-2643　FAX 0982-87-2648

11

丁子恵美〈時計〉

●Ecru+HM　東京都中央区銀座1-9-8奥野ビル4F　☎03-3561-8121

✉info@ecruplushm.com

12

ラトビアベビーベッド

●巣巣（→10）

13

伏見眞樹〈竹のベビースプーン&フォーク〉

●伏見漆工房　神奈川県三浦郡葉山町一色1922-1　☎／FAX 046-876-3696

✉fushimiurushikobo@ybb.ne.jp

14

大河なぎさ〈シューズアルバム"0"〉

●tokyo toff. 東京都台東区蔵前4-2012 第一精華ビル3A

☎03-5809-1670　FAX 03-5809-1671

http://www.tokyotoff.com/

15

今井ふみ子〈フォトフレーム〉

●Frame Recipe

☎／FAX 042-705-8157

✉frame_recipe@yahoo.co.jp

16

中山孝志〈切立グラス、リム付タテモールウイスキーグラス〉

●暮らしのうつわ 花田（→2）

17

牧瀬義文〈本種子鋏〉

●クラフト・サロン縁　東京都あきる野市野辺462-1　☎042-558-4827

18

柏木圭〈懐中箸入れ〉

●日本民藝館　東京都目黒区駒場4-3-33

☎03-3467-4527

●OUTBOUND アウトバウンド　東京都武蔵野市吉祥寺本町2-7-4-101　☎0422-27-7720

19

アルファベットノート

●リエノ　京都市中京区山伏山町536

☎075-221-4660　✉info@lleno.jp

はなもっこ〈辰砂の時計〉
●シーブレーン　金沢市涌波1-9-5
☎ 076-260-7123　✉kelu@cbrain.co.jp

20

角井圭子〈動物文小椀、蕎麦ちょこ〉
角井正夫〈漆小盆〉
●ギャラリーおかりや　東京都中央区銀座4-3-5銀座AHビルB2F　☎ 03-3535-5321

21

つれづれ工房　辻井功・陽子
〈染付飯碗〉
●つれづれ工房
佐賀県武雄市山内町三間坂甲14526-1
☎／FAX 0954-45-5319

青山徳弘〈内外錆ゴス木賊端反小碗〉
●暮らしのうつわ 花田（→2）

22

さこうゆうこ〈ヒヤシンスポット〉
●ヒナタノオト　東京都中央区日本橋小舟町7-13セントラルビル1F　☎03-5649-8048
http://hinata-note.com/

23

安齋君予〈文香〉
●工房 予　横浜市金沢区富岡西5-37-18
☎／FAX 045-774-9006

24

小倉充子〈手ぬぐい〉
●大和屋履物店　東京都千代田区神田神保町3-2-1サンライトビル1F　☎03-3262-1357

25

奥井美奈〈紅漆花びら皿〉
●ギャラリ-おかりや（→20）

霜ばしら
●九重本舗玉澤　仙台市太白区郡山4-2-1
☎ 022-246-3211　✉info@tamazawa.jp

26

お雛さま
個人蔵

27

優佳良織ポーチ
●優佳良織工芸館　旭川市南が丘3-1-1
☎ 0166-62-8811
http://www.yukaraori.com

28

泉泰代〈平べったいスプーン〉
●エポカ ザ ショップ銀座・日々（→3）

29

ラオス・レンテン族豆敷
●日本民藝館（→18）
●菜の花暮らしの道具店
小田原市栄町1-1-7 ハルネ小田原内
☎0465-22-2923

30

滴生舎〈ねそり〉
●滴生舎　岩手県二戸市浄法寺町御山中前田23-6
☎0195-38-2511　FAX 0195-38-2610
http://www.tekiseisha.com/

伏見眞樹〈椿コップ、蕎麦ちょこ〉
●伏見漆工房（→13）

31

久保一幸〈蕎麦ざる〉
●久保竹籠工房　☎/FAX 042-534-0091
✉iccouikkou@ybb.ne.jp
http://www.geocities.jp/iccouikkou

32

工房しょうぶ
〈ファニーフォーク&スプーン〉
●KOBO SHOBU（しょうぶ学園）
鹿児島市吉野町5066

☎099-243-6639 ✉omni@shobu.jp

33
猫のしおり
●恵文社一乗寺店　京都市一乗寺払殿町10
☎ 075-711-5919
✉info@keibunsha-books.com

34
川瀬敏郎〈『一日一花』〉
●新潮社発行

35
谷口吏〈メジャースプーン〉
●うつわや釉（→2）

36
滴生舎〈こぶくら〉
●滴生舎（→31）

37
ピアッティ〈生ハム〉
●ピアッティ　東京都目黒区駒場4-2-17-1F
☎03-3468-6542 ✉info@piatti.jp

38
プレジール〈パン〉
●ラトリエ・ドゥ・プレジール　東京都世田谷区砧8-13-8ジベ成城ⅠF
☎／FAX 03-3416-3341

39
町田俊一〈漆入れ子弁当箱〉
●町田俊一漆芸研究所
盛岡市緑が丘3-7-7
☎／FAX 019-661-1165
✉urushi104@zmail.plala.or.jp
●（有）モノ・モノ　東京都中野区中野2-12-5メゾンリラ104　☎03-3384-2652
http://www.monomono.jp

40
花岡和夫〈グラヴィールワイングラス〉
●花岡和夫　佐久市平賀4884-3
☎／FAX 0267-63-6980 ✉gravat@janis.or.jp

41
寒長茂〈蒔絵の腕輪〉
●寒長茂　輪島市堀町夕陽ケ丘14-1-34
☎/FAX 0768-22-3919

42
佐竹康宏〈手のひら鏡〉
●工房千樹　加賀市山中温泉菅谷町ヘ-110
☎0761-78-0908 FAX 0761-78-1144
✉senju@kaga-tv.com
●ギャラリー田中　東京都中央区銀座7-2-22同和ビル1F　☎ 03-3289-2495

43
Bin工房〈バティックシルクスカーフ〉
●ビンハウスジャパン
鎌倉市山ノ内1347さやん　☎0467-81-5730
✉japan@binhouse .biz http://www.binhouse.biz

STUDIO羽65〈手織りショール〉
●STUDIO羽65
長野県北佐久群軽井沢町長倉125-12
☎ 0267-48-2087
http://studiohane65.sharepoint.com

44
木馬
個人蔵

45
杉村徹〈スツール〉
●ギャラリー+クック・ラボ como
東京都港区南青山4-7-7　☎03-3470-0019
http://www.comocomo.net
●宙（→1）

＊価格は2014年10月現在のもので税抜きです。
＊一品制作によるものは、同一のものが入手できない場合があります。

手仕事の贈りもの

2014年11月30日　初版

著者　片柳 草生

発行者　株式会社晶文社
東京都千代田区神田神保町1-11
電話 03-3518-4940（代表）／4942（編集）
URL http://www.shobunsha.co.jp

ISBN978-4-7949-6862-3 Printed in Japan

♦著者について

片柳 草生（かたやなぎ・くさふ）

青山学院大学卒業。1968年から文化出版局に勤務。その後フリーランスとして、『ミセス』『クロワッサン』『家庭画報』『ひととき』などで編集・取材に携わる。『クロワッサンプレミアム』では長年にわたり「CRAFT 作家の工房にお邪魔して」を連載。手仕事を多くの人に紹介してきた。工芸のほかに、骨董、染織など、多彩なジャンルを手掛ける。

著書に『手仕事の生活道具たち』（晶文社）がある。編集した本に『白洲正子の世界』（平凡社）、『白洲正子への手紙』（文化出版局）、『名碗を観る』（世界文化社）など。

写真
宮下直樹

装丁・レイアウト
矢萩多聞

印刷・製本
ベクトル印刷株式会社